中华复兴之光
美好民风习俗

梅兰竹菊美寓

梁新宇 主编

汕頭大學出版社

图书在版编目（CIP）数据

梅兰竹菊美寓 / 梁新宇主编. -- 汕头 ： 汕头大学
出版社，2017.1（2023.8重印）
（美好民风习俗）
ISBN 978-7-5658-2830-0

Ⅰ. ①梅… Ⅱ. ①梁… Ⅲ. ①中华文化 Ⅳ.
①K203

中国版本图书馆CIP数据核字(2016)第293454号

梅兰竹菊美寓　　　　　MEI LAN ZHU JU MEIYU

主　　编：梁新宇
责任编辑：邹　峰
责任技编：黄东生
封面设计：大华文苑
出版发行：汕头大学出版社
　　　　　广东省汕头市大学路243号汕头大学校园内　邮政编码：515063
电　　话：0754-82904613
印　　刷：三河市嵩川印刷有限公司
开　　本：690mm×960mm　1/16
印　　张：8
字　　数：98千字
版　　次：2017年1月第1版
印　　次：2023年8月第4次印刷
定　　价：39.80元
ISBN 978-7-5658-2830-0

前言

党的十八大报告指出："把生态文明建设放在突出地位，融入经济建设、政治建设、文化建设、社会建设各方面和全过程，努力建设美丽中国，实现中华民族永续发展。"

可见，美丽中国，是环境之美、时代之美、生活之美、社会之美、百姓之美的总和。生态文明与美丽中国紧密相连，建设美丽中国，其核心就是要按照生态文明要求，通过生态、经济、政治、文化以及社会建设，实现生态良好、经济繁荣、政治和谐以及人民幸福。

悠久的中华文明历史，从来就蕴含着深刻的发展智慧，其中一个重要特征就是强调人与自然的和谐统一，就是把我们人类看作自然世界的和谐组成部分。在新的时期，我们提出尊重自然、顺应自然、保护自然，这是对中华文明的大力弘扬，我们要用勤劳智慧的双手建设美丽中国，实现我们民族永续发展的中国梦想。

因此，美丽中国不仅表现在江山如此多娇方面，更表现在丰富的大美文化内涵方面。中华大地孕育了中华文化，中华文化是中华大地之魂，二者完美地结合，铸就了真正的美丽中国。中华文化源远流长，滚滚黄河、滔滔长江，是最直接的源头。这两大文化浪涛经过千百年冲刷洗礼和不断交流、融合以及沉淀，最终形成了求同存异、兼收并蓄的最辉煌最灿烂的中华文明。

五千年来，薪火相传，一脉相承，伟大的中华文化是世界上唯一绵延不绝而从没中断的古老文化，并始终充满了生机与活力，其根本的原因在于具有强大的包容性和广博性，并充分展现了顽强的生命力和神奇的文化奇观。中华文化的力量，已经深深熔铸到我们的生命力、创造力和凝聚力中，是我们民族的基因。中华民族的精神，也已深深植根于绵延数千年的优秀文化传统之中，是我们的根和魂。

中国文化博大精深，是中华各族人民五千年来创造、传承下来的物质文明和精神文明的总和，其内容包罗万象，浩若星汉，具有很强文化纵深，蕴含丰富宝藏。传承和弘扬优秀民族文化传统，保护民族文化遗产，建设更加优秀的新的中华文化，这是建设美丽中国的根本。

总之，要建设美丽的中国，实现中华文化伟大复兴，首先要站在传统文化前沿，薪火相传，一脉相承，宏扬和发展五千年来优秀的、光明的、先进的、科学的、文明的和自豪的文化，融合古今中外一切文化精华，构建具有中国特色的现代民族文化，向世界和未来展示中华民族的文化力量、文化价值与文化风采，让美丽中国更加辉煌出彩。

为此，在有关部门和专家指导下，我们收集整理了大量古今资料和最新研究成果，特别编撰了本套大型丛书。主要包括万里锦绣河山、悠久文明历史、独特地域风采、深厚建筑古蕴、名胜古迹奇观、珍贵物宝天华、博大精深汉语、千秋辉煌美术、绝美歌舞戏剧、淳朴民风习俗等，充分显示了美丽中国的中华民族厚重文化底蕴和强大民族凝聚力，具有极强系统性、广博性和规模性。

本套丛书唯美展现，美不胜收，语言通俗，图文并茂，形象直观，古风古雅，具有很强可读性、欣赏性和知识性，能够让广大读者全面感受到美丽中国丰富内涵的方方面面，能够增强民族自尊心和文化自豪感，并能很好继承和弘扬中华文化，创造未来中国特色的先进民族文化，引领中华民族走向伟大复兴，实现建设美丽中国的伟大梦想。

目 录

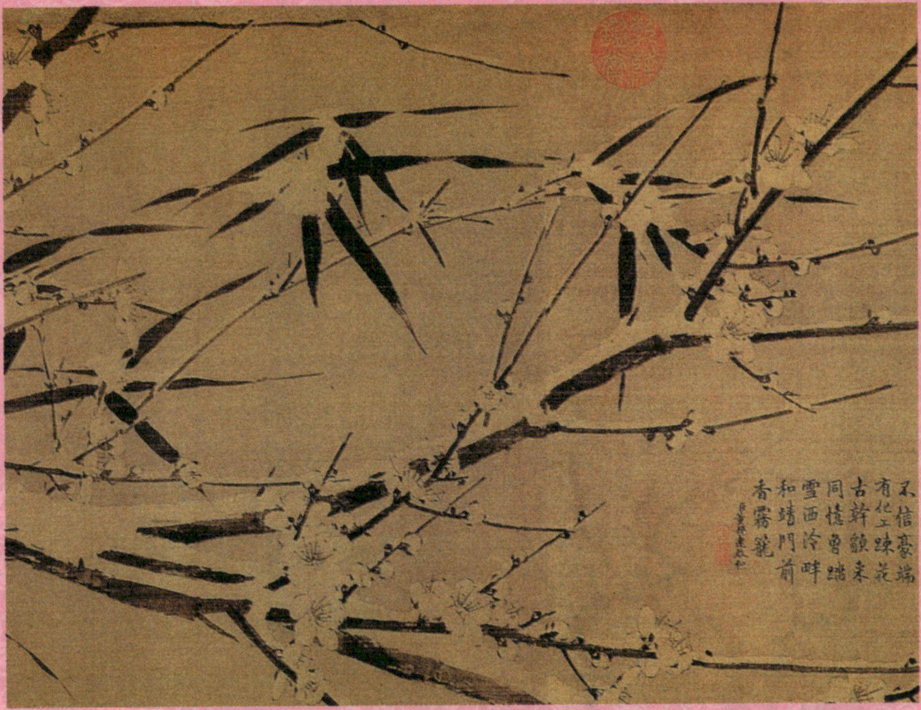

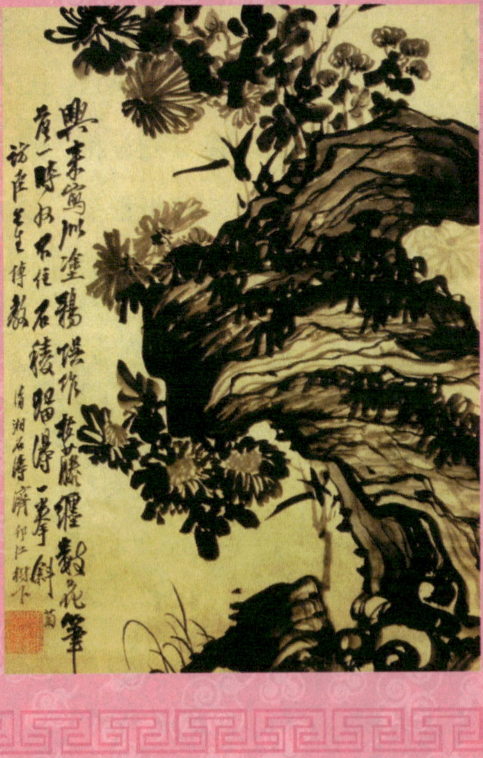

竹

菊

梅

　　梅花在漫天飞雪的隆冬盛开，满身清气，屹立于严寒。它坚贞
不屈，傲视风雪独立奋进，不依附他物，象征着君子威武不屈，不
畏强暴，正是中华民族气魄之根本和气节之象征。

　　自古以来，梅花清雅俊逸的风度不仅获得了诗人画家的赞美，
更以它冰肌玉骨、凌寒留香的风韵被喻为民族的精华被看作高洁守
道的凛然君子和不畏严寒的刚毅雄杰，为世人所敬重。

瑶池仙女化身为梅花

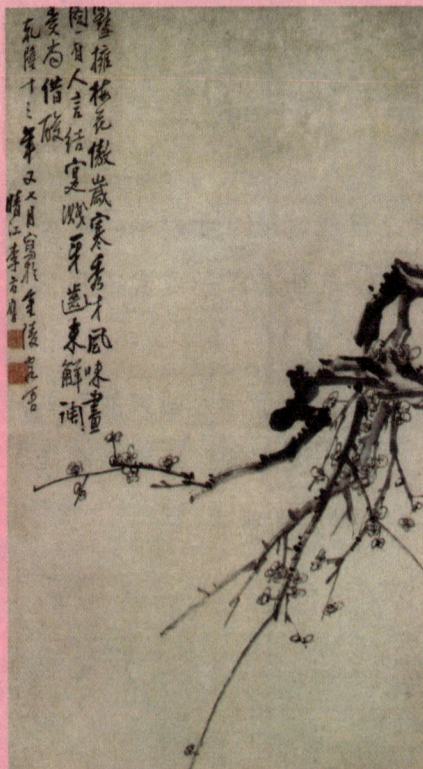

传说那是在很久很久以前，天地之间没有任何花草，无论在哪个季节，平原和荒野上都是一片死寂和苍凉。人们每天生活在这样枯燥无味的环境里，苦闷无聊极了。

后来，天宫里的玉皇大帝发现了这个事情，觉得人们生活得太痛苦了，就命令主管花草的百花仙子到人间去播种一些花草，装点大地和江河。于是，百花仙子找来桃花仙子、杜鹃仙子、桂花仙子等很多花仙，让她们各自挑个喜欢的季节去人间绽放。

于是，从风和日丽的春天，到骄阳似火的夏天，再到瓜果飘香的秋天，花仙们一个个欣然地挑选了自己喜爱的季节。到了最后，只剩下天寒地冻的冬天没有被挑选了。

花仙们面面相觑，谁也不愿意到人间的严寒中去受苦。毕竟春天暖风和煦，夏天雨水滋润，秋天又有丰登五谷，但是冬天除了鹅毛大雪又有什么呢?

在一片寂静之中，有一个清脆的声音响起了：“既然没人去，那我去吧！”

花仙们循声看去，原来是梅花仙子小妹妹在说话。她的年龄最小，长得小巧玲珑，总是十分活泼可爱而且聪明伶俐。在众姐妹中，她也是脾气最倔强、性格最坚强的一个，大家都很疼爱她。

花仙们纷纷劝阻说：“人间的冬天很冷啊！你受得了吗？”

“在冬天开放的话，连个蜜蜂和蝴蝶都没有，你只能孤零零的一个人啊！”

……

梅花仙子站起来坚定地说：“不就是冷一点吗？我才不怕呢！”

说完，梅花仙子嘴一噘，告别了众姐妹，就飘然来到了人间。从此以

后，每到百花凋零、寒风刺骨的严冬时节，所有花草树木都在安心睡觉或躲避风雪时，只有梅花婀娜多姿地开放在山岭坡间和田园径旁了。

银装素裹的天地之间，梅花悄然绽放，有如在一张巨大的雪白画布上洒落的点点绛红，有着说不出的调皮与可爱。

鲜红色的梅花艳若桃李，灿如云霞，又似燃烧的火焰，极为绚丽。粉红色的梅花如情窦初开的少女面颊，带着十二分的羞涩，如描似画，柔情似水。白色的梅花如银雕玉琢的雪灯，冰肌玉骨，是那么清丽超然，高雅脱俗。

关于梅花，我国很早就有记载。我国最早的诗歌总集《诗经》，其中写有"山有佳卉，侯栗侯梅"。在《诗经·周南》里说："摽有梅，其实七兮。"我国重要古籍《山海经》里也有"灵山有木多梅"的记载。

上古文献汇编《书经》里说："若作和羹，尔唯盐梅。"我国古代重要书籍《礼记·内则》则记载："桃诸梅诸卵盐"。在《秦风·终南》《陈风·墓门》《曹风·鸤鸠》等诗篇中，也都提到了梅。可见，梅花早在3000多年前就已经被人们所重视了。

梅花性喜温暖、湿润的气候，在光照充足、通风良好条件下能较好生长，对土壤要求不严，耐瘠薄、半耐寒，怕积水，适宜在表土疏松肥沃、排水良好、底土稍黏的湿润土壤上生长。

梅花只有少数品种耐低温，剩下的都耐高温。平时在早春开放的梅花对温度非常敏感，若遇低温，开花期延后，若开花时遇低温，则花期会延长。一般生长在阳光充足、通风良好的地方，若处在庇荫环境，光照不足，则生长瘦弱，开花稀少。

梅花按种型分为三个种系，分别为真梅种系、杏梅种系、李梅种系。梅花品种及变种很多，大品种有30多个，下属小品种有300多个。

按花型花色可分为宫粉型、红梅型、照水梅型、玉蝶型、朱砂型、大红型、绿萼型和洒金型等。其中宫粉最为普遍，品种最多，花粉红，着花密而浓。玉蝶型花紫白，别有风韵。绿萼型花白色，香味极浓。

梅花还有一种花型叫"洒金型"。花单瓣、复瓣或重瓣，一树上有红、白两色或水红色条纹斑点的花朵，主要品种有昆明小跳枝、复瓣跳枝、米单跳枝等。

梅花按枝姿分为五大类。第一类

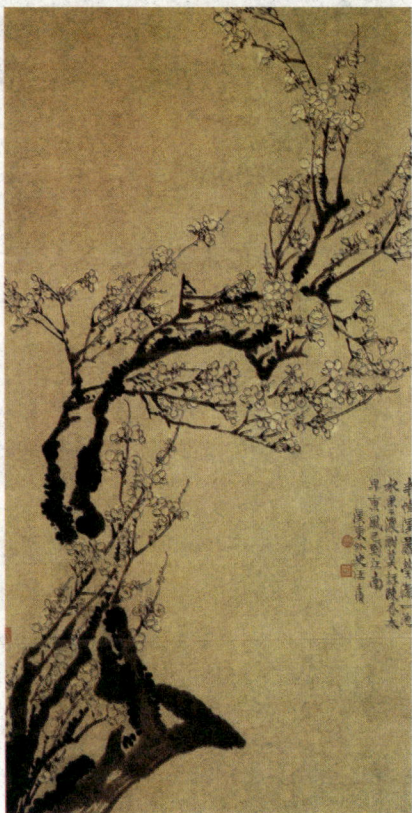

叫直枝梅类。枝直上或斜生。这是梅的家族中历史最悠久、成员最繁茂的一类，下分品字梅、宫粉等9种。第二类名为垂枝梅类。枝自然下垂或斜垂，有粉花垂枝等型；第三类名为龙游梅类。枝天然扭曲如龙游，仅龙游梅类和玉蝶龙游型。第四类名为杏梅类，是梅与杏的杂交，下有单瓣杏梅型及春后型。第五类是樱李梅类，乃紫叶李与宫粉梅的杂交种，紫叶红花，重瓣大朵，极抗寒。

知识点滴

传说玉皇大帝看见人间的冬天十分单调辛苦，就派花仙们到人间生根长叶，开花若干时日并修成正果后方可返回仙界。

众花仙便从瑶台来到人间，各自去了自己喜欢的地方。于是人间百花竞放，十分美丽。但有一个花仙到人间时却喝醉酒了，一直在酣睡。当她醒来时，却已是严冬，她只能在寒风中开放了。

其他花仙都回到仙界了，这个花还在冬天开放着，大家都说她真倒霉，就把她叫"霉花"。后来，一个白丁书生误写成"每"字，后又寻思这花属木，又给这花加一"木"旁，于是就成了"梅"花。

梅花饱含公主高贵气质

到了我国南北朝的时候，说是在天宫有10个贴身服侍王母娘娘的仙女，她们每天往来于瑶池与凌霄宝殿之间，除了专门传递天上各宫的消息，还准备每6000年开一次的蟠桃会，照料着天庭上的各类奇花异草。

时间一久，仙女们渐渐开始厌烦天宫里日复一日的生活，就把目光转向了相对来说更加有趣的凡间。人间老百姓每日带着亲朋好友游山玩水、嬉笑怒骂的平凡生活，是她们这些仙女可望而不可即的。

有一天，10个仙女偷偷溜出天宫，跑到人间游玩。很快，王母娘娘就发现这10

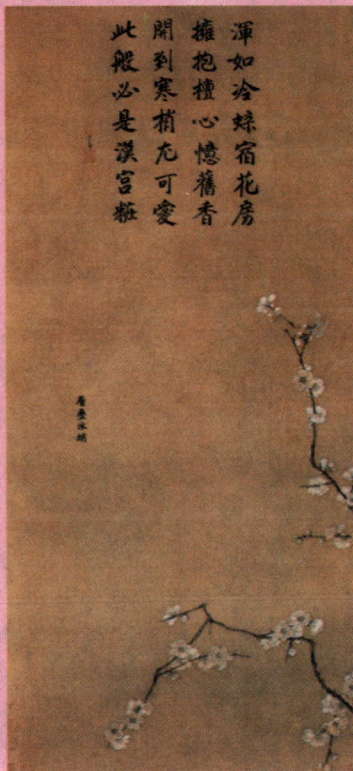

个仙女私自下凡的事情，她很生气，就派天兵天将捉拿她们。

10个仙女迷恋人间的美景，不愿意回天宫，但是，她们又怕不加掩饰地在人间逗留会被天将认出，这样就会被抓回天宫。那该怎么办呢？其中一位年龄最小的仙女出了个主意，她们都一动不动，变成花朵的样子，自然就不会被天兵们识破了。

这时的人间还没到正月，正是冬天，10个仙女各自回忆着在天庭照料仙草园和人参果时的情景，都变成了自己最喜欢的花朵样子，一动不动。有的变成了小巧玲珑的珍珠梅，有的变成了红艳欲滴的朱砂梅，有的变成了带着一抹淡绿的绿萼梅……

人间的花朵看见仙女们变成了鲜花，都赞叹她们惊人的美貌，不敢与她们争艳，就默默地凋谢了，悄悄地去其他季节盛开了。风雪也不敢惊扰仙女们的宁静，掠过仙女们身边时都小心翼翼，显得分外的轻柔。

天兵们在天上搜寻着仙女们的身影，却始终没有找着，只看见被雪覆盖的银白的大地上点缀着姹紫嫣红的几抹色彩，几棵被寒风吹得微微颤动的树上盛开着夺目的花朵。

天兵们没有办法，只好请王母娘娘亲自寻找仙女们的踪迹。王母娘娘从天上往下一看，没找

到那几个仙女，却看见人间的大地上盛开着分外娇艳的花朵。她没想到人间也会有如此可爱的花朵，不由得赞叹了一句："没有花能比它更美了啊！"

于是，王母娘娘只得放弃搜寻仙女们，但是，她嘱咐天兵天将们时时刻刻向人间张望，不要遗漏了仙女们的踪迹。王母离开后，天兵天将们没有懈怠，几十双千里眼不停地搜寻着人间。

仙女们听见了王母娘娘下达的命令，大家悄悄一商量，反正回了天庭还要被惩罚，那不如就留在人间继续做花好了。但是凡间的人们不认识天庭上的奇花异草，该叫什么呢？

这时，有个年龄最小的仙女想出了主意，她说："王母娘娘赞叹说，没有花能比咱们更美了，既然如此，就叫梅花吧！"

仙女们都纷纷拍手叫好，然后又连忙化成花朵，继续开放。人们深深地喜欢这种清香温柔却又坚强得能独自面对风雪的花朵。同时，

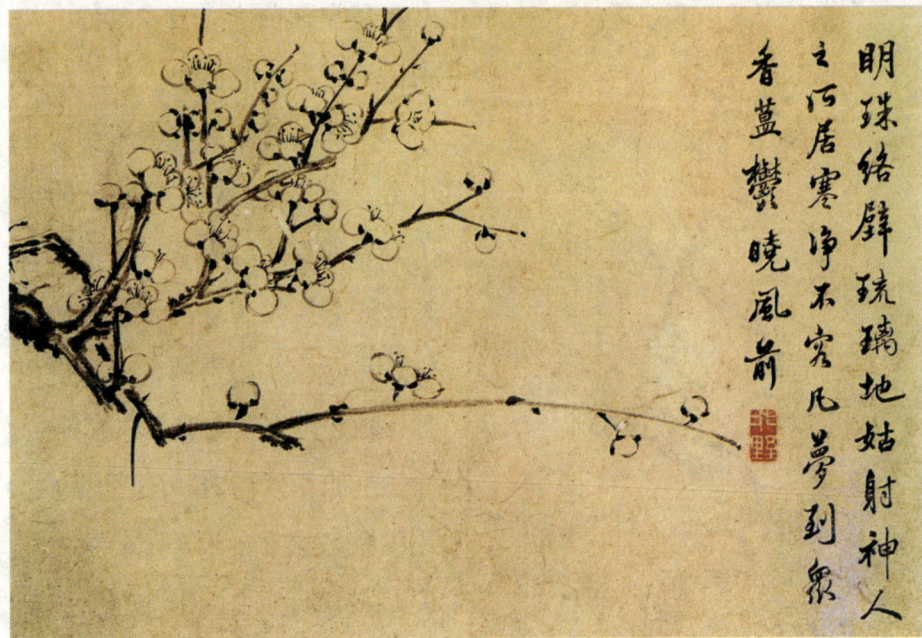

明珠络碧琉璃地姑射神人
之所居寒净不寒凡梦到象
香盥繁晓风前

仙女们也渐渐失去了复原成仙子的能力，她们就一点一点地彻底变成梅树了。

仙女们毫不介意，她们享受着人间的生活。温暖的阳光和勤劳的人们，比起天庭的金龙玉凤和祥云朵朵，人间的生活要更真实，也更快乐。她们不仅盛开了梅花，还从自己幻化成的梅树上结出果子，让人们品尝酸甜的果实。但是，最小的仙女在人间久了，她又开始思念天上的生活了，很想溜回天宫看看亲人，又怕姐妹们发现了不答应，就很想找一个替身代替自己。

这天正是南朝时期某年农历正月初七的下午，宋武帝刘裕的小女儿寿阳公主正与宫女们在宫廷里嬉戏。玩闹了一会儿，寿阳公主感到有些累了，便躺卧在含章殿的檐下小憩，不知不觉睡着了。

寿阳公主十分聪明伶俐，活泼可爱，她不仅是皇帝的小女儿，又具有一种特别的高贵气质，她经常在父皇面前为受苦受难的人们说话，很得人们喜爱。

小仙女看着熟睡的寿阳公主十分漂亮，长得很像自己的样子，就伸出手轻轻抚摸着寿阳公主的额头，她想让寿阳公主做她的替身。小小的寿阳公主睡得很香，她并没有发觉有人在摸她。

小仙女便借着一阵微风，将几瓣梅花吹落在了寿阳公主的额头上。寿阳公主由于与宫女们玩得太起劲了，额头上还挂着滴滴香汗。紫红色的梅花飘落在她的额头上，就被汗水渍染了，留下了淡淡的花痕，衬托得寿阳公主妩媚的脸蛋娇柔无比。

寿阳公主自从得到梅花仙子的点化，慢慢就魂消魄散了。有一天，她在熟睡中就再也没有醒来，但是人们看见她额上那朵梅花却更加鲜艳了，她的睡姿也像一株千年横卧的梅树。人们于是就说，寿阳公主幻化成梅花了。后来，人们就说，梅花就像一位高贵娇媚的公主，不仅说出了她的形态，更说出了她的气质。

后来有明代文学家张岱所著的百科全书类著作《夜航船》中，在说到这件事时说：

> 刘宋寿阳公主，人日卧含章殿檐下，梅花点额上，愈媚。因仿之，而贴梅花钿。

寿阳公主是因梅花妆而受到喜爱花草的人们的喜爱，因此她被尊为"梅花花神"。梅花因为是寿阳公主所幻化的，人们便赋予了她许多高贵公主的气质和说法。

知识点滴

据说寿阳公主的"梅花妆"传到民间，许多富家大户的女儿都争着效仿。但梅花是有季节性的，于是有人就设法采集其他黄色的花粉制成粉料，用来化妆。人们把这种粉料叫作"花黄"或"额花"。梅花妆的粉料是黄色的，加上采用这种妆饰的都是没有出阁的女子，"黄花闺女"一词便由此而来，成了未婚少女的专有称谓。

林逋视梅花为红颜知己

自从人们知道寿阳公主变成梅花后，就更加喜爱梅花。到了北宋初年时候，有一个著名诗人叫林逋，他与梅花也结缘了。

林逋自幼刻苦好学，青年时便通晓经史百家。但他性情寡淡，孤高自好，从不稀罕做官或获得名利，因此一直隐居在杭州西湖的孤山上。

林逋是个生活中很从容随意的人，他看似对一切事物都漫不经心。他经常随性地游玩，有时乘着小舟慢悠悠地游玩于西湖之上，有时踱着步出去悠闲地观览佛寺，有时又优哉游哉地找高僧诗友们谈经论道，品香茗，赏落叶。

就连在写诗的时候，林逋也都十分的随意，他写诗只为了自己尽兴，完全不在乎是否能够得以留存，往往他把刚完成的诗文写完了就扔掉。

这个随性自如的林逋却有两样喜好，一是喜欢鹤，另就是喜欢看清香悠然的梅花。林逋一生未娶，也没有子嗣，他无牵无挂，但是由于他爱鹤与爱梅，自称以鹤为子，以梅为妻，世人于是都称他为"梅鹤因缘、梅妻鹤子"。

在一个清冷的冬天，林逋院中的各类花草都凋谢尽了。平日里各色花草盛开那欣欣向荣的景象也不在了。林逋在一片衰败萧瑟的园中，看见了在寒风中傲然开放的梅花。他喜爱极了梅花那大气娇媚和不屈的傲骨，便随口吟出了一首《山园小梅》的诗：

众芳摇落独暄妍，占尽风情向小园。
疏影横斜水清浅，暗香浮动月黄昏。
霜禽欲下先偷眼，粉蝶如知合断魂。
幸有微吟可相狎，不须檀板共金樽。

在林逋的眼中，梅花不是没有半点人情味的冰美人，而是一个有血有肉、有着自己倔强和坚持的红颜知己。也许他真的是以梅为妻，因此林逋看梅时才饱含爱意。

在一片草木凋零的衰败景象中，在一片残花败柳的凄凉花园里，在往日神气活现自恃美貌的玫瑰、茉莉凋落完自己的花瓣，并把头深深埋在冻得僵硬的土壤里时，梅花却旁若无人地对着林逋开放了。

这时的林逋，他深深感觉到，梅花就像一个机灵聪敏却又文雅大度的女孩一样，在静悄悄地开放，没有喧闹和炫耀。但她到底还是年轻，藏不住心里的那点小得意，放出了一缕缕的清香来，只有凑近了才能闻到。似乎不是为了惊艳世人，而是为了取悦暗恋自己的心中人。

梅花的美貌是藏不住的，在风雪中怒放夺走了寒风历来的霸气和冰雪慑人的寒冷。特别是平日里别的花朵吵嚷着争宠和斗艳时，她却不声不响，不发一言。但是在这冰天雪地和万物一片死寂之际，她却像精灵一样出现了，抢走了所有的瞩目和风头。

林逋看出了，梅花并不稀罕有多少人会注意到自己的美貌，也不会装出一副不在乎的样子去到处标榜自己，他看出了梅花不浮躁，也不肤浅。

在林逋看来，梅花并不需要别人认同自己的价值，也不需要多余的头衔来定位，就像他自己一样，功名利禄，皇恩浩荡，都算不了什么。在他和梅花的眼中，外物都不过是浮云而已。

林逋觉得，梅花在平日里也是极美的。白天她独自沉思，溪水映出她疏斜的侧影，痴痴地不愿流走；月光下她的香气似乎化成了烟雾，一缕缕地浮出，像暗涌的溪流一样涌动在月光之下。

林逋爱鹤，爱得就像自己的儿子一样。平日里他溜达出去寻访好友，书童是找不见他的。但是如果有客人登门拜访，书童只需要放飞一只鹤，林逋看见了之后就会立即动身赶回家。在他眼中，鹤就像个顽皮又惹人怜爱的孩子，而鹤需要他，就像儿子需要爸爸一样。

每当梅花盛开时，连鹤都不敢肆意地飞动了，生怕扰乱了梅花的安宁。因为主人十分喜爱梅花，鹤也十分喜爱上了梅花，它们在起飞落地之间也要先偷眼看一下梅花，也不敢惊扰了梅花的宁静。

在林逋看来，也许对素来流连于群芳之间的蝴蝶来说，玫瑰牡丹之流都不过是庸脂俗粉，茉

莉玉兰也只是以清纯之名掩饰自己没有姿色的平常人罢了。

林逋想，蝴蝶们见惯了群芳之间的争斗喧闹，听腻了她们的浮夸言辞，看烦了她们的扭捏作态，如果蝴蝶有幸能在严冬窥得梅花一眼，也会被梅花迷得失魂落魄了吧！

林逋望着梅花，心中有的全是满足，此情此景，真是太完美不过了。梅花不需蝴蝶赏识，不与群芳争妒，也不屑于盛开在无忧无虑的和暖春景中，更不需要那些不识趣的俗人，拿着檀板唱着不着调的曲子，或者那些整日醉醺醺的粗人靠饮酒来歌颂。

想到这些，林逋自言自语地说："有我林逋在此吟诗，对梅花就已经足够了。"

在林逋眼中，这是他和梅花独有的精神默契。梅花在他心里，是妻子，是同样选择了隐逸生活的隐士，更是千古难逢的知己。

梅花虽然独自开放，不言不语，季节一过就香消玉殒，但在林逋看来，他们已经是相伴一生心有灵犀的夫妻了。在林逋眼中，梅如人，梅花就是他的妻子。

知识点滴

林逋写了《山园小梅》诗后，并写成了书法作品。后来宋代著名文学家苏轼高度赞扬林逋之诗、书及人品，并诗跋其书："诗如东野不言寒，书似留台差少肉。"北宋著名诗人黄庭坚也写道："君复书法高胜绝人，予每见之，方病不药而愈，方饥不食而饱。"明代书画家沈周也作诗云："我爱翁书得瘦硬，云腴濯尽西湖绿。西台少肉是真评，数行清莹含冰玉。宛然风节溢其间，此字此翁俱绝俗。"

苏东坡用梅花喻爱人

在北宋时期，著名诗人、豪放派代表词人苏东坡对梅花也特别喜爱。在他看来，并不是梅如人，而是人似梅，梅花是他心中另外一个人的化身。

公元1071年，苏东坡因反对王安石新法被贬为杭州通判。一天，他与几位文友同游西湖，宴饮时招来一个歌舞班助兴。歌舞班中有位名叫王朝云的歌伎引起了苏轼的注意。

王朝云因自幼家境清寒而沦落在歌舞班中，当时已经是西湖有名的歌伎了。她天生丽质，聪颖灵慧，能歌善舞，虽混迹烟尘之中，却独具一种清新洁雅的气质。

在悠扬的丝竹声中，数名舞女浓妆艳抹，长袖徐舒，轻盈曼舞，而舞在中央的王朝云又以其艳丽的姿色和高超的舞技，尤其引人注目。舞罢，众舞女入座侍酒，王朝云恰恰转到苏东坡身边。

这时的王朝云，已经换了另一种装束，洗净浓妆，黛眉轻扫，朱唇微点，一身素净衣裙，清丽淡雅，楚楚可人，别有一番韵致，仿佛一枝凌寒的梅花般娇嫩别致。

此时，本是丽阳普照、波光潋滟的西湖，由于天气突变，阴云蔽日，山水迷蒙，变成了另一种景色。湖山佳人，相映成趣，苏东坡灵感顿至，为这位如梅花一般的歌伎挥毫写下了传诵千古的、描写西湖美景的名诗佳句：

水光潋滟晴方好，山色空濛雨亦奇。
欲把西湖比西子，淡妆浓抹总相宜。

　　当时的王朝云刚刚12岁，虽然年幼，却聪慧机敏，由于十分仰慕东坡先生的才华，而且受到苏轼夫妇的善待，十分庆幸自己与苏家的缘分，决意追随苏东坡先生终身。

　　后来，王朝云与苏轼共同生活了20多年，特别是陪伴苏轼度过了贬谪黄州和贬谪惠州这两段艰难的岁月，但一直没有享受到苏轼夫人或妻子的名分，一直等他们到了黄州后，她的身份才由侍女改为侍妾。但是，她一向从容淡泊，之前从未争过名分。

　　苏东坡先后出任颍州和扬州知府。后来，他续娶的王夫人已逝，宋哲宗也已亲政，并任用章惇为宰相，因此又有一大批持不同政见的大臣遭贬，苏东坡也在其中。

　　在当时，苏轼被贬往南蛮之地的惠州，这时的他已经年近花甲了。眼看运势转下，难得再有复起之望，苏轼身边众多的侍儿姬妾都陆续散去了，只有王朝云始终如一，追随着苏东坡长途跋涉，翻山越岭到了惠州。

　　对苏轼来说，朝云就是花丛中的梅花。出身于贫寒之下的她不争艳，不扭捏，却自有清香迷人之处。处在胜景之下的人想赏遍万山红花是件非常容易的事，但在困境之中还能为他绽放芬芳的也只有梅花一般的王朝云了。

可惜好景不长，王朝云在惠州时遇上瘟疫，身体十分虚弱，终日与药为伍，总难恢复，苏东坡只好四处拜佛念经，寻医煎药，乞求她康复。但从小生长在山水胜地杭州的王朝云是花肌雪肠之人，最终耐不住岭南闷热恶劣的气候，不久便带着对苏轼的不舍与依恋溘然长逝了，年仅34岁。

为了怀念王朝云，苏东坡在惠州西湖上刻意经营，建塔、筑堤、植梅，试图用这些熟悉的景物唤回那已远逝的时日。但是佳人已逝，音容不再，苏轼在彻骨的悲伤中，从盛开的梅花中寻找到了王朝云的踪影，因此他作了《西江月·梅花》一词：

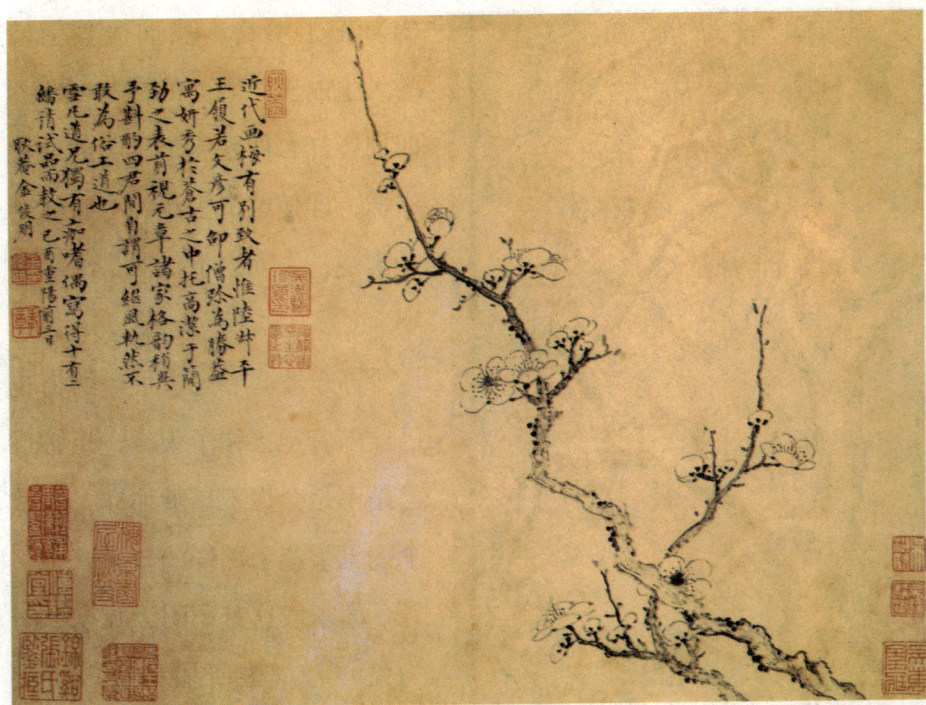

玉骨那愁瘴雾，冰姿自有仙风。海仙时遣探芳丛，倒挂绿毛幺凤。

素面翻嫌粉涴，洗妆不褪唇红。高情已逐晓云空，不与梨花同梦。

惠州的梅花虽然生长在瘴疠之乡，却不怕瘴气的侵袭，这是因为她有冰雪般的肌体和神仙般的风致，玉洁冰清的她怎么会在意这些瘴雾呢？

在苏东坡看来，梅花的仙姿艳态，引起了海仙的羡爱，海仙还经常派遣使者来到花丛中探望。这个使者，原来就是倒挂在树上的绿羽小鸟。

苏东坡看出了，岭南梅天然洁白的容貌，是不屑于用铅粉来妆饰

的。施了铅粉，反而掩盖了她的天生丽质。岭南的梅花，花叶四周皆红，像是用了胭脂的少女一样，即使她洗去妆饰，唇红还是未褪，素面之下仍然是绚丽多姿。

苏东坡心心念念最爱的梅花已经随着她去往了天空，想必自己是不是会像王昌龄那样，会做个窥见梨花云那样的梦了。

苏东坡这首词明为咏梅，暗为悼亡，词中所描写的惠州梅花，实则是王朝云美丽姿容和高洁人品的化身。

在苏轼眼中，王朝云是梅，梅也是王朝云，而无论是哪一个，梅花都是他眼中独一无二的美景。

知识点滴

在黄州有一个传说：苏东坡初到黄州，住在定惠院，每天夜里在窗下读书，必定有一位漂亮女子在窗外听。苏东坡觉得奇怪，便问那女子："你是谁家姑娘？"

那女子回答说她是花又不是花。苏东坡说那一定是花魂，并问她是什么花魂。那女子却说是梅花魂，还问苏东坡喜不喜欢梅花。苏东坡说喜欢梅花。那女子答应送他一株。第二天上午果然有一老人给苏东坡送来一株梅花。

王安石视梅花为斗士

与苏轼同样作为唐宋八大家之一的王安石，他对梅花也有着难解的情怀。王安石是北宋时期的文学家，更是一名政治家，他的变法提议是我国历史上，针对北宋当时"积贫积弱"的社会现实，以富国强兵为目的的一场轰轰烈烈的改革。

当时的王安石颁布了农田水利法、均输法、青苗法、免役法、市易法、方田均税法，并推行保甲法和将兵法以强兵。但是由于并未处理好具体实行的问题以及与反对者的关系，于是只能与反对变法者长期反复地进行争斗。

与闲逸的林逋和豪放的苏轼不同，王安石是个出了名的怪脾

气，他性格又直又硬，做事急躁而缺乏耐心，认准了一条路就不回头，容不下别人的半点意见，因此他被人称作"拗相公"。虽然他的变法是出于好意，最后结局还是以失败告终了。

王安石怪得十分可爱，他对自己所坚持的事情有一种孩童般执拗，即使得罪再多人，与再多人格格不入，他也在所不惜，这样的性格和在冬天独自盛开的梅花简直极为相似。

在这样一位政治家眼里，梅花不是静立于园中的红颜知己，也不是和自己相濡以沫的绝代佳人，而是和自己一样虽不得志却仍然坚韧不拔的斗士。

有一天，年过半百的王安石在家中郁闷地踱来踱去。当时的他，已经历了两次辞去宰相之职再两次复任了，推行新法遇到的阻力和反对声让他心力交瘁。对于这样一个做事坚定又十分固执的改革者来说，当时的前途十分渺茫。

王安石不想再次放弃，也不愿意再一气之下直接拂袖而去，但他对政治早已心灰意懒了。对于他来说，自己犹如笼中之兽，变法就像困兽犹斗，可能新主张会再一次被推翻，也可能这最后一次就会成功。叹了一口气，王安石把目光向花园中投去，他看见自家园中的墙角处，被雪覆盖的枯寂土壤上，有一棵花树仍然焕发着勃勃生机，那纷飞的雪花也没能掩住润泽的棕色树干，断枝处还有新抽出的嫩芽。但奇怪的是，这棵树似乎空荡荡的，没有花朵也没有果实。

王安石按捺不住，披了件衣服就匆匆走出门去查看。庭院之中寒风阵阵，那棵植物却依然挺立，小小的身躯却有着十足的硬气，才一人多高的细长枝条，在风雪中有着巍巍然泰山般的霸气，看上去既好笑，又让人心生敬佩。

王安石凑近了一点看，还是没有半点头绪。满树枝都是团团积雪，望上去是一树的雪白，没有一丝花朵果实的影子。王安石有点纳闷地想："花匠往我院子里种的这是什么东西呢？"

这时，寒风又起。王安石猛然闻到一阵清香。他恍然大悟，更仔细地望向树上的朵朵积雪。果然，是白色的梅花。看着被风吹得微微颤动却依旧傲立、绽放清香的雪中梅花，王安石想到了自己所处的与梅花极为相似的孤立无援的处境，于是，王安石写下了一首诗：

墙角数枝梅，凌寒独自开。
遥知不是雪，为有暗香来。

王安石通过对梅花不畏严寒的高洁品性的赞赏，用雪喻梅的冰清玉洁，又用"暗香"点出梅胜于雪，说明坚强高洁的人格所具有的伟大魅力。

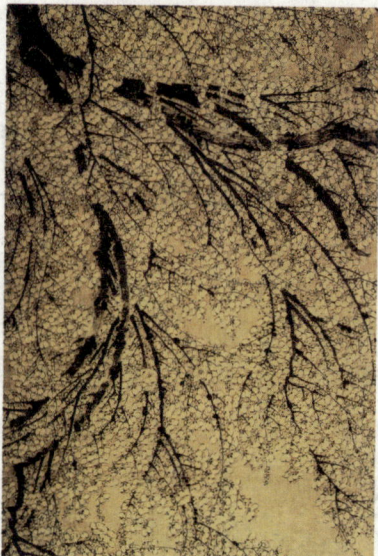

梅花千姿百态，温柔娇媚，却能盛开在风雪之中。每到寒冬，梅花便如顽皮仙女，悄然飘落，在风雪之中，她们的娇媚别有韵致，有的娇小玲珑，憨态可掬，就像初生婴孩般可亲；有的青春洋溢，热情奔放，似亭亭玉立少女般可爱；有的超凡脱俗，端庄大方，如持重贵妇般可敬。她们或倚戏秋风，或笑傲冰雪，奇姿异态纷呈，简直美不胜收。

梅花娇美却不柔弱，清香却不俗媚，不与百花争时光，不和群芳斗艳丽，这种高风亮节也吸引着自古以来的很多诗词大家对她们的盛赞，因为他们从梅花身上看到了不争世俗、不媚君王的自己的影子。

王安石爱梅，他写有好几首有关梅花的诗。他的《红梅》诗："春半花才发，多应不奈寒。北人初未识，浑作杏花看。"他的《梅花》诗："白玉堂前一树梅，为谁零落为谁开。惟有春风最相惜，一年一度一归来。"他的《沟上梅花欲发》诗："亭亭背暖临沟处，脉脉含芳映雪时。莫恨夜来无伴侣，月明还见影参差。"

他的《证圣寺杏接梅花未开》诗："红蕊曾游此地来，青青今见数枝梅。只应尚有娇春意，不肯凌寒取次开。"

仲仁和尚始创墨梅画法

　　宋代有一个叫仲仁的和尚，他也最爱梅花，总是在自己床前放置着梅花，时时观察梅花的颜色和神韵。

　　每当夜色来临，月光之下的梅花疏影横斜，仲仁和尚就用笔墨描摹梅花的形状，结果他发现，只要他用墨一点染，就可以表现出梅花

的韵味,因此他首创了墨梅的画法。

墨梅讲究的是画梅全不用颜色,只用浓淡相间的水墨晕染,就可以用来表现梅花的神韵,并以水墨晕写梅花的各种姿态,因此自成一格。当时著名诗人黄庭坚称仲仁和尚所画的梅花是:

如嫩寒清晓,行孤山篱落间,但欠香耳。

当时著名诗僧惠洪也极其欣赏水墨描绘的梅花,称仲仁和尚的墨梅为:

华光作此梅,如西湖篱落间烟重雨昏时节。

后来,元代著名书画家赵孟頫在墨梅题跋中称:

世之论墨梅者,皆以华光为称首。

华光，正是仲仁和尚的法号。仲仁和尚十分喜爱梅花，最终老于梅林之中。但是，他创下的墨梅画法却没有失传，后代画家都对他独具一格的墨梅画法啧啧称奇。

仲仁突破前人技法，以水墨晕写梅花的各种姿态而自成一格，墨梅遂成为花鸟画领域中的新品种，对于我国绘画题材与技法的开掘具有十分重要的意义。

仲仁和尚著有一本《华光梅谱》传世，此谱对宋代画梅理论具有突出的贡献，后来著名的南宋词人、画家、书法家扬无咎和元代著名画家、诗人、书法家王冕画梅皆源于此。

年轻时的扬无咎所居住的地方有一棵"大如数间屋"的老梅树，苍皮藓斑，繁花如簇。他经常对着梅树临画写生，深得梅花真趣。因此，在梅花画法上，他有着自己独特的感悟，形成了自己的画法。

年轻，雄心勃勃的扬无咎将自己的梅花图进献于宫廷，却不得宫

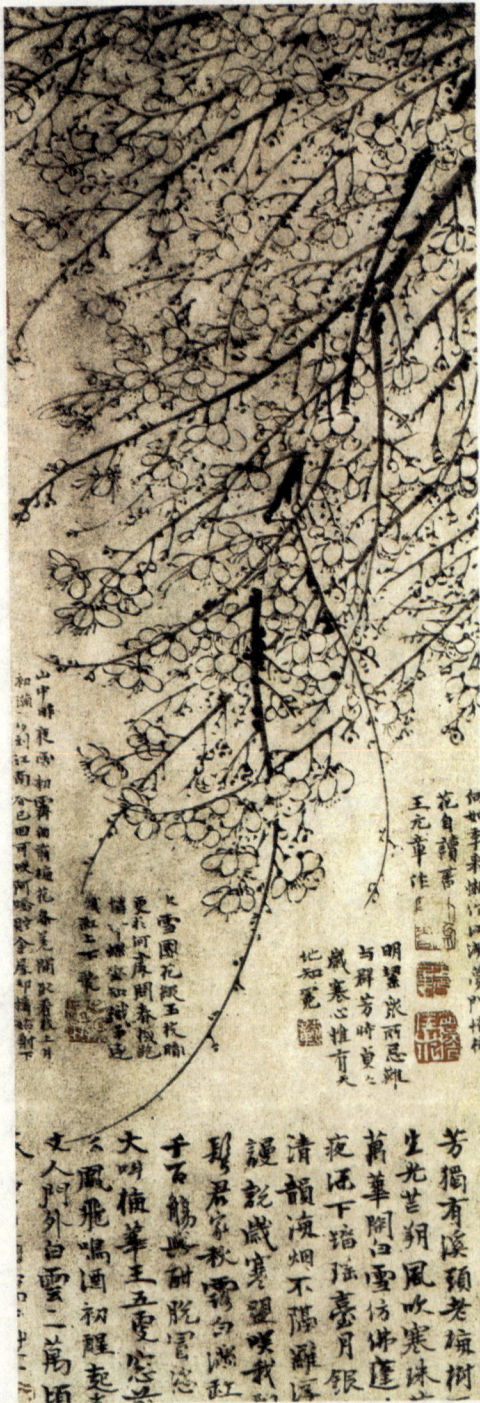

廷赏识，被当时的徽宗皇帝斥为"村梅"。

来自宫廷的嘲讽，并没有影响扬无咎对自己艺术风格的坚持。从此，他在自己的画上题以"奉敕村梅"，既是一种自嘲，也是一种自傲。他继续按照自己的审美理想，钻研墨梅艺术。

扬无咎非常善于学习前人的艺术成就，曾经有位来自华光寺的僧人来清江慧力寺修行，将仲仁和尚的墨梅画法带到了这里。扬无咎经常前往虚心学习。

仲仁的画法给了扬无咎极大启发，在这难得的艺术切磋中，扬无咎结合自己的艺术经验，将前人的墨梅艺术提升到了一个新的高度，创造出一种双勾法来画梅花，使梅花纯洁高雅，野趣盎然。

和大多数喜爱梅花的诗人一样，扬无咎也喜欢赏梅饮酒。醉后的扬无咎往往不管什么场合都能挥毫泼墨，如果没有兴致，想

求得扬无咎一幅画，却很难。

喝醉的扬无咎能在任何一堵墙上涂画自己的墨梅，但是如果是别人特意带着重金去求画，扬无咎却很少同意。据说，扬无咎曾乘兴在临江的一家驿馆的墙壁上画了一幅折枝梅，吸引了不少往来的文人士大夫，驿馆一时也生意兴隆。

但这块画了折枝梅的屋壁后来居然被人窃走，使得这家驿馆顿时车马稀少，门庭冷落，扬无咎艺术的魅力于此也可见一斑。

扬无咎最著名的传世花卉作品是《四梅花图》，又叫《四清图》，是他晚年的作品，画分4段，可分可合，每段自成一幅，有独立的内容和章法，从自跋中可知，作者创作此图的初衷是要完成一位挚友的命题：

　　要余画梅四枝，一未开，一欲开，一盛开，一将残，均各赋词一首。

这个独特的命题激发了扬无咎的兴致，使他在创作中表现出了应有的大家手笔。画梅花"未开"，在疏枝斜干上突出描绘了花苞的聚五攒三，以少胜多。画梅花"欲开"，在枝干上布了些整朵梅花，花瓣清晰可数而不露其花蕊，以求含蕴。

《四梅花图》的花用线勾，不设色。枝干不用双勾，以运墨中的自然枯、湿变化，表现老干新枝的差异。

在构图上，4幅图都以疏朗自然取胜，瘦枝冷蕊，清气逼人，写出了梅花的真魂。此画的可贵之处还在于它集中展现了艺术家的诗、书、画三绝，画幅上4首寄调《柳梢青》的词作，既表达了画家对梅花品格的感受，又紧扣画意。

扬无咎以他广受称道的清劲小楷，录下这自谱的4首梅花词，还题上一段作画缘起的自述。这种在画作上留下大段题画文字的做法，在宋代以前的绘画中，是十分罕见的。

知识点滴

扬无咎，字补之，他诗、书、画兼长，墨梅艺术在画史上影响尤其深远，在当时声名远播，有"得补之一幅梅，价不下百千匹"之说。扬无咎的墨梅在我国绘画史上产生过很大影响，历代仿效他的人很多。南宋花鸟画家赵孟坚，扬无咎的从子季衡、外甥汤正仲、汤叔用等都是他的传徒。后代的花鸟名家王冕、徐禹功等都是他的嫡系。

陆游如醉如痴如狂爱梅

南宋著名诗人陆游将梅花深深地印在了自己生命里。在他所做的9300多首诗中，有1000多首都是在描写梅花。陆游的梅花诗，晶莹高洁，芳香扑鼻，其笔下梅花饱含多种意象，或白描，或隐喻，或叙

事，或抒情，勾勒出了那个爱梅花到了如醉、如痴、如狂的陆翁。

陆游赏梅不像其他人略略一看就可以，他赏梅极其讲究，为了表示对梅花的虔诚，他赏梅之前一定要先洗净鞋上的泥土，衣帽不沾染半点尘埃才可以。不仅他自己这样做，他还对不这样做的赏梅人非常不以为然，他作诗曰：

体中颇觉不能佳，急就梅花一散怀。
冲雨涉溪君会否？免教尘土涴青鞋。

陆游同样认为，梅花是神圣而不沾人间气息的。梅花如此高雅圣洁，赏梅的人也完全可以不食人间烟火，他作诗曰：

欲与梅为友，常忧不称渠。
从今断火食，饮水读仙书。

对于赏梅的方式、时间、环境，陆游更是特别讲究，他认为，赏其他花可在风和日丽之时，但赏梅则必须在月夜，携一壶浊酒，在梅林下坐一夜，听凭梅花的香露浸透头上的乌巾，这样赏梅，才会有真趣。他常常带着酒去赏梅，一高兴就喝得大醉，喝得忘乎所以，喝得"一瓢邀月醉梅花"。对陆游来说，饮酒赏梅是人生一大乐事。他作诗曰：

老来乐事少关身，犹喜樽前见玉人。
岂是凄凉偏薄命，自缘纤瘦不禁春。

陆游不喜欢把梅花看成一个忍辱负重的侠士，在他的心中，梅花从来都是平和又善解人意的，是个步履匆匆的君子，是个做事毛躁的年轻人，是个独占鳌头的忘年交。他作诗曰：

年年烂醉万梅中，吸酒如鲸到手空，
花欲过时常惜别，今年此别更匆匆。

往年陪他烂醉如泥的梅花今年开得太急了，走得太早了。陆游在诗中发泄着不满，还没等自己尽了酒兴，梅花就匆匆开过了，口气就像在抱怨一个失信爽约的老友。一旦这位老友赏光，与他相聚一堂，陆游就乐得飘飘然了。他心满意足到什么程度呢？和老友喝得尽兴还不够，还要将一枝梅花插在帽子上。陆游在《看梅绝句》里得意洋洋地写道：

老子舞时不须拍，梅花乱插乌巾香。

尊前作剧莫相笑，我死诸君思此狂。

陆游戴着梅花看尽湖光山色，一起香动荒山野水，这样的情谊，只怕伯牙和子期都难以企及了吧！

在病中的陆游，更是把梅花视为百灵的解药。他在《病中杂咏》一诗中写道：

半黄半绿柳满城，欲开未开梅有情。

放翁一病又百日，回视新春如隔生。

梅花不仅能治陆游自己的病，更是赐予冰雪生命的精灵。北坡上有棵梅花迟迟不开，陆游心里总是惦念着，每天都要去看看。在立春日，那棵梅终于绽放了一枝，给了陆游莫大惊喜，在他看来，就连风雪也被梅花医治得起死回生了。他有诗曰：

日日来寻坡上梅，枯槎忽见一枝开。
广寒宫里长生药，医得冰魂雪魄回。

　　因为太爱梅花，因此常常有人赠给陆游梅花赏玩。陆游也每每欣喜地将获赠的梅花仔细地保存起来，作诗赞美：

高标已压万花群，尚恐娇春习气存。
月兔捣霜供换骨，湘娥鼓瑟为招魂。

　　赏梅是陆游生命中的乐事之一，任凭时间流逝，梅花带给他的欢愉和慰藉却从未减少过。即使是年纪大了，梅花在陆游心里仍然是能解千愁的知己，只要一看到梅花，他就烦恼全无了。他作诗曰：

素娥窃药不奔月，化作江梅寄幽绝。
天工丹粉不敢施，雪洗风吹见真色。
出篱藏坞香细细，临水隔烟情脉脉。
一春花信二十四，纵有此香无此格。
放翁年来百事惰，唯见梅花愁欲破。

　　梅花在陆游的生命中占据了太重要的位置，即使是陆游怀念往事，慨叹人生时，也处处有梅花的影子。视梅如命、爱梅成痴的陆游在回首人生时，看见的还是梅花，他为此骄傲，为此自豪。他作诗曰：

我与梅花有旧盟，即今白发未忘情。

不愁索笑无多子，唯恨相思太瘦生。

身世何曾怨空谷，风流正自合倾城。

增冰积雪行人少，试倩羁鸿为寄声。

但陆游最有名的梅花词作还要算《卜算子·咏梅》，词曰：

驿外断桥边，寂寞开无主。已是黄昏独自愁，更著风和雨。

无意苦争春，一任群芳妒。零落成泥碾作尘，只有香如故。

在陆游心里，梅花是他生命中不可或缺的一部分，是一种精神的寄托。

后人为纪念陆游曾在崇州兴建了一座祠堂。陆游祠为仿清建筑，含大门、长廊、过厅、序馆、两庑、正殿等，主体陈设突出"梅"的主题。过厅以"梅馨千代"命名。序馆为"香如故堂"。堂后的辟梅园，广植了陆游喜爱的梅花。

附近有个与陆游祠遥相呼应的梅花寨，被称为放翁遗香圣地。陆游任蜀州通判登临古寺时曾从这崖上山。山道断桥边的梅花在黄昏风雨中寂寞开放而芳香不改的美景，为他后来写《卜算子·咏梅》获取了创作灵感。

元代王冕留下传世梅画

　　元代著名画家王冕也十分喜爱梅花，他隐居在会稽九里山，种梅千枝，筑茅庐3间，题为"梅花屋"，自号梅花屋主。王冕虽然也画墨梅，但他画梅以胭脂作梅花骨体，或花密枝繁，别具风格，也善写竹石。

　　王冕的梅画别具一格，得到画界的认可。明代有人称赞说：

　　　　古今画梅谁者高，前有补之后王老。

　　王冕的墨梅画派虽然出于北宋时期的扬无咎派，但宋人画梅大都疏枝浅蕊，王冕则喜欢画繁花密枝的梅

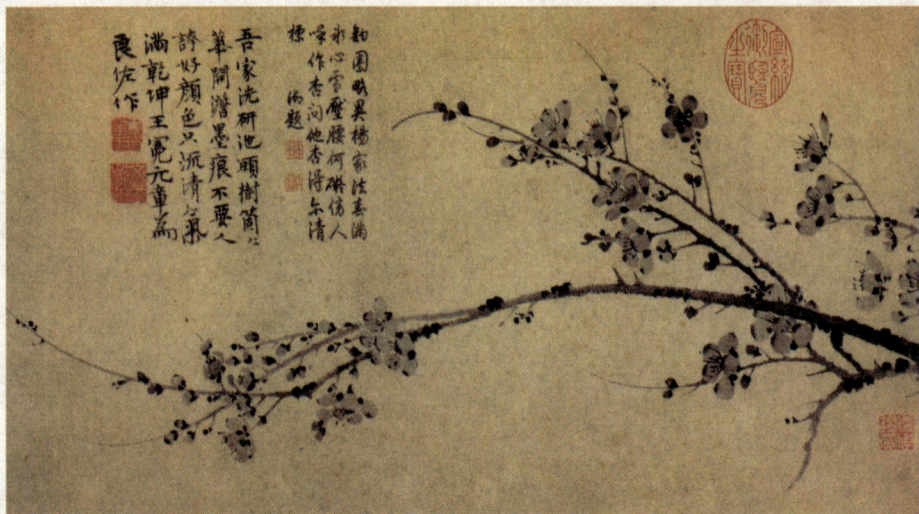

花，十分独特。他所创作的《墨梅图》就是繁盛梅花的代表作。

《墨梅图》作倒挂梅，枝条茂密，前后错落。枝头缀满繁密的梅花，或含苞欲放，或绽瓣盛开，或残英点点。正侧偃仰，千姿百态，犹如万斛玉珠撒落在银枝上。白洁的花朵与铁骨铮铮的干枝相映照，清气袭人，深得梅花清韵。

《墨梅图》中梅花的干枝描绘得如弯弓秋月，挺劲有力。花的分布富有韵律感。长枝处疏，短枝处密，交枝处尤其花蕊累累，勾瓣点蕊简洁洒脱。

《墨梅图》有一首题画诗，叫《墨梅》：

我家洗砚池头树，朵朵花开淡墨痕。
不要人夸好颜色，只留清气满乾坤。

王冕出生在贫苦农民家庭。据《明史》记载，王冕白天放牛，晚上到附近佛寺长明灯下读书。青年时期，王冕曾一度热衷于功名，但后来拒绝仕途，浪迹江湖。最后回到家乡九里山隐居，白天种粟锄豆、灌园养鱼，晚上读书作画，过着自食其力的清贫生活。

与诗中不求人夸，只愿给人间留下清香的墨梅一样，王冕是个不向世俗献媚的有着高尚节操的隐士。才华横溢的王冕同情人民苦难、谴责豪门权贵、轻视功名利禄，为人又豁达爽快，得到很多人的敬仰。

由于王冕的梅画风格特异、不同凡响，声名鹊起，很多人向他求画。对上门求画之人，凡好友，他会持笔挥毫，双手奉送。对不入伍者，王冕时常拒之。

传说，有一位达官贵人向他索要梅画，第一次以银财赠买，王冕没答应；第二次，他派人前来说，他所要之画是送给他上司的寿礼，想向上司推荐王冕，如果上司看了王冕的梅画，王冕一定会前途无限……达官以为，这样就可获得王冕的梅画。

当达官再次上门索画时，正碰上王冕画梅，他以为王冕是给他作画，便高兴地等待。

可当王冕画完梅花后，在画上题："冰花个个圆如玉，羌笛吹它不下来"时，达官明白王冕意志坚定，心如白玉，决不向当权者画梅。王冕把这幅梅画挂在墙上，以此向世人表明他的意志。

元代末期蒲庵禅师创有《梅花歌》赞美王冕：

> 会稽王冕高颊颧，爱梅自号梅花仙。豪来写遍罗浮雪千树，脱巾大叫成花颠。有时百金闲买东山屐，有时一壶独钓西湖船。暮校梅花谱，朝诵梅花篇。水边篱落见孤韵，恍然悟得华光禅。我昔识公蓬莱古城下，卧云草阁秋潇洒。短衣迎客懒梳头，只把梅花索高价。

从《梅花歌》来看，王冕正是接受了华光、扬无咎一派的传统，孜

孜不倦地学习梅花谱和梅花篇，在这基础上，发挥了他的艺术才能。

王冕所画的野梅下笔沉着有力，虽然野梅少有盘曲，画的是直梅，但直梅之中，没有浮华轻飘之意，全是自然之形，毫无斧斫之痕。王冕画梅有一个与众不同的特点，即只画野梅。据《竹波轩梅册》记载，清代宜兴吴仲伦在题郑小樵梅册上说：

王元章喜写野梅，不画官梅。

但王冕为何只画"野梅"，不画"官梅"？只画"直梅"，不画"曲梅"？这是一个历代文人雅士与评论家永远也说不清的话题。

何谓野梅？凡生长在山野清绝的地方，梅干劲直，尽自然之本性，都叫"野梅"，也有人称"村梅"。何谓官梅？凡由人工造作，失却天真，干多盘曲，叫作"官梅"，也称"宫梅"。有人往往以野梅比为"疏旷平远"，以官梅比为"金碧庄严"，借以隐喻不同环境

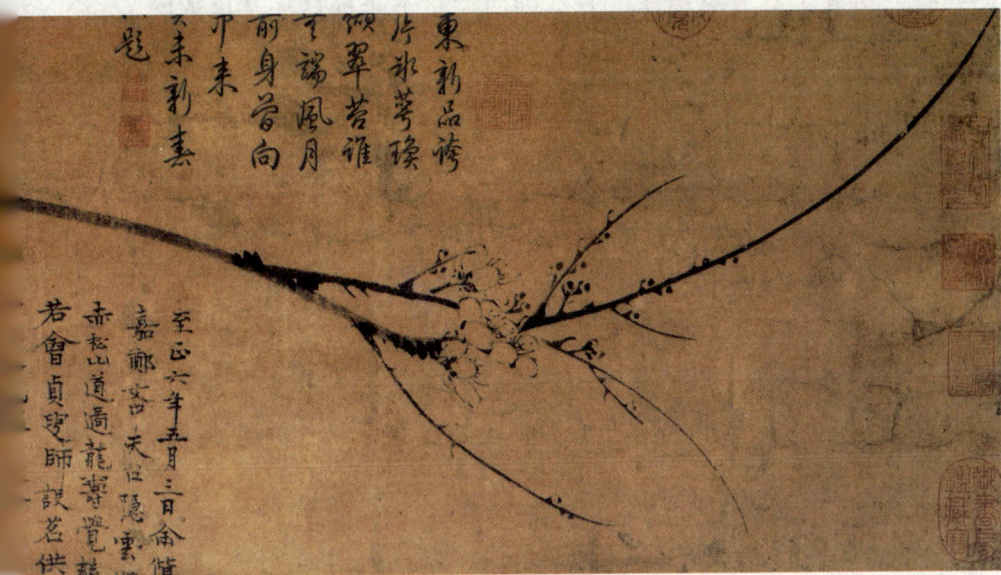

中的不同人格。

野梅之直，有的稚气洋溢、天真一派，有的气势磅礴、浑然大气。王冕把野梅的清韵、艳丽、傲然、孤高之神气，描绘得淋漓尽致，使野梅的内涵意韵更为深浓。

明代画家孙长真很佩服王冕的梅画，他说：

> 梅花取直不取曲，此理世人多未推。
> 诗人独得梅清性，不画官梅画野梅。

后来清代朱方霭则说："画梅须高人，非高人梅则俗"。他们的话，道出了王冕画"直"不画"曲"、画"野"不画"官"的真正原因。"画梅须具梅骨气，人与梅花一样清"。王冕笔下的梅花就是他个人精神世界的体现。

清代的两位画家，扬州八怪之首的金农和扬州八怪之中年纪最小的罗聘，也都十分喜爱梅花，并分别留下了古雅拙朴的《墨梅图》和《梅花记岁图》。

知识点滴

王冕爱梅、咏梅、艺梅、画梅成癖。他还写过一篇《梅华传》，他把《三国演义》中的"望梅止渴"故事改写成了一篇趣味盎然的童话：大将军曹操行军迷路，军士渴甚，愿见梅氏。梅聚族谋曰："老瞒垂涎汉鼎，人不齿之。吾家世清白。慎勿与语。竟匿不出。"王冕借赞扬梅花蔑视权贵的精神来暗喻自己的人格。

兰花最早的含义是爱的吉祥物，自古以来人们就把兰花视为高洁、典雅、爱国和坚贞不渝的象征。屈原在诗歌中将兰喻为君子，因此后人又把兰理解为君子高洁、有德泽的象征。

　　如兰桂齐芳喻德泽长留，经久不衰，也就是把恩惠留给后辈子孙，也用来称颂别人的子孙昌盛。美好的文章称"兰章"，对别人子弟的美称叫"兰玉"，对友情契合而结拜成兄弟称"金兰之好"等，因此兰花具有丰富的寓意。

素雅兰花只为圣人而开

　　传说，从前在大别山一个很深幽的谷里住着一位兰姑娘，她美丽纯洁，心地善良，总是无私地帮助有困难的人。但是，和她住在一起的贾婆婆却是个丑陋又狠毒的恶人，总是诬赖童养媳兰姑娘好吃懒做，动不动就不给她吃喝，还罚她干重活。

　　有一天早上，兰姑娘在门外石碓上舂米，家中锅台上的一块糍粑却被猫拖走了。恶婆一口咬定是兰姑娘偷吃了，逼

她招认。逼供不出，就把兰姑娘毒打一顿，又罚她一天之内要舂出9斗米。兰姑娘只得拖着疲惫不堪的身子，不停地踩动那沉重的石碓。

太阳落山了，一整天滴水都没沾牙的兰姑娘又饥又渴，累倒在了石碓旁，她顺手抓起一把生米放到嘴里嚼着。恶婆一听石碓不响，跑出来一看，气得双脚直跳："你这该死的贱骨头，偷吃糍粑，又偷吃白米！"拿来起木棒打得兰姑娘晕倒在地。恶婆并不解恨，还说兰姑娘是装死吓人。

卑鄙的贾婆婆又扯下兰姑娘裹脚带，将她死死地捆在石碓的扶桩上，然后撬开兰姑娘的嘴巴，拽出舌头，拔出簪子，狠命地在兰姑娘的舌头上乱戳一气，直戳得兰姑娘血肉模糊……

可怜的兰姑娘，就这样无声无息地死去了。随后，贾婆婆也因为好吃懒做，为人阴险而受到人们唾弃，最后孤独凄凉地死去了。

也不知过了多少年，多少代，在兰姑娘去世的幽谷中，长出了一棵小花，淡妆素雅，玉枝绿叶，无声无息地吐放着清香，人们都说这花是不能再发声的兰姑娘的化身，因此取名叫"兰花"。而兰姑娘则化身成为了天上的兰花娘娘。

当然这只是一个传说而已。兰花是我国产的兰属重要花卉，是我国十大名花之一，它以叶秀花香著称，不论何种兰花，都带有宜人的幽香，它的香气浓而不烈，香而不浊。

野生兰花生长在背阴、通风、不积水的山地，因此栽培基质要求通气、松软、渗水性好，呈微酸性。室外栽培最常用的是兰花泥。

兰花泥是指山上附在岩石凹处的泥土，由植物叶子经风吹雨淋日晒腐烂而成，土质松软、通气、呈微酸性。江南一带习惯在绍兴会稽山、余姚燕窝岭、富阳石牛山，杭州保山，宜兴铜管山，南通军山、常熟虞山等地采挖兰泥。

由于野生兰花大部分生长在茂林修竹下，丛林遮挡了强烈的阳光照射，使兰花喜阴畏阳。兰花喜欢早上的阳光，朝阳初升，阳光照射角度低，兰花受光面积大，又因为早上阳光经晨雾阻挡，光线相对柔和，直射不会灼伤兰叶。兰花经夜间营养积累以后，早晨光合作用能力最强。

控制水分是养好兰花的最根本条件。兰叶质地较厚，因此不会消耗大量水分，较能耐旱。除发根、发芽期，快速生长期需要较多水分外，其他时间消耗水分较少。

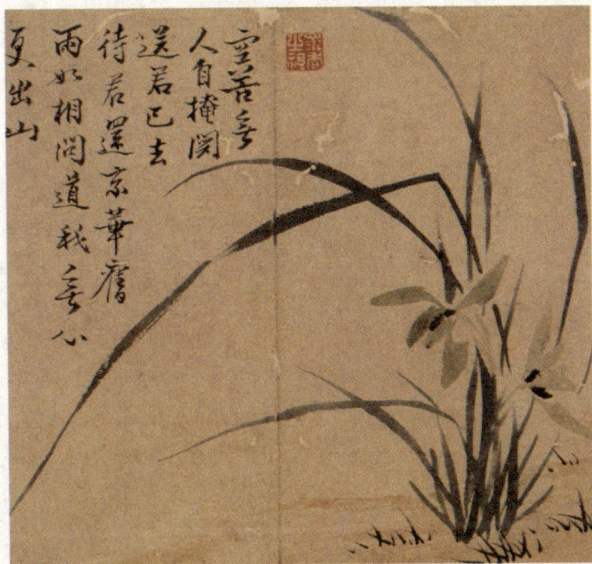

兰花是喜雨而畏潦，喜润而畏湿。由于春、夏、秋、冬空气湿度不同，兰花生长速度不同，对水分要求也不同。因此有会不会种兰主要看会不会浇水之说。可见，兰花跟水分有很大关系。

知识点滴

传说西楚霸王项羽的爱妻虞姬生性酷爱兰花，衣服上绣着兰花，头上戴着兰花，连发髻上插着的一根碧玉簪，也是兰花图案。

项羽最宠爱虞姬，虞姬也深爱项羽。垓下之战，项羽惨败后带着爱姬和亲信骑着马连夜突围，奔返江东。两军混战在古道上，人喊马嘶，天昏地暗。

混战中，虞姬的兰花碧玉簪不慎失落在一个塘埂上。从那以后，这失落兰花碧玉簪的塘埂上，田野间，山坡上，驿道旁，到处长遍了青翠的兰花。每逢春暖花开之际，香飘数里，令人心醉神迷。后来，人们就将此地命名为"兰花塘"。

孔子让兰花与儒学相关

　　我国史书《左传》曾记载了郑穆公出生与去世皆跟兰花有关的故事。传说郑文公的侍妾燕梦见九天玄女赠她兰花，并告诉她"以是为尔子"。后来果然生子，取名为兰，也就是后来的郑穆公。

郑穆公即位22年后，有一天病了，他说："要是兰花死了，我恐怕也要死了吧！我是靠着它出生的。"后来，宫中的兰花谢了，于是郑穆公也"刈兰而卒"。

可见，兰花在我国文化中与君王有着神秘而特殊的联系。由此可以看出，兰对早期贵族和民间生活产生了广泛的影响。在秉兰拂恶、赠兰传情、沐兰致祭、执兰迎祥、纫兰上朝、燃兰溢香、藉兰祭祀等活动中，我国古人与兰花建立了各种关系。

兰花也和道家文化相通，有着天然的浑合之美。老庄哲学讲"道"，宣扬和主张"清静无为"。其中，清静就是无染，无为就是不偏不激，言行端正。

那"道"是什么呢？我国古代哲学书籍《周易》里面说"一阴一阳之谓道"。道家认为，"道"是阴阳和合之气，万事万物皆秉气而生，"清静无为"即阴阳和合之状，平衡之态。"道"追求的是流转平衡有则，也就是阴阳之和，因此道家主张人生要与大自然和谐相

处，不失衡，不冲突。因此，"清静无为"的思想实质上就是抱朴守真行为不乱之意。

兰花是天地的万物之一，其幽贞淡雅香清缥缈的物性，完全符合道家"清静无为"的思想。儒家欣赏的"不以无人而不芳"，在道家眼里就是开花不求俗人赏，自在山林淡放香。

道家认为，兰花守阴采阳柔和刚健之叶吐出了平和舒展的神韵美，阴阳之道尽蕴其中，花色也众彩纷呈，素色单色复色齐全，叶艺、色彩、瓣型多姿多彩，竭尽变化之能事。

兰在我国古代时被称为"蕙"，蕙指的是兰花的中心，也叫"蕙心"。由于兰花幽雅可爱，古人也常用"蕙质兰心"这个成语形容拥有兰花一样心地的人，比喻淑美善良有气质的女性。

兰花的香气淡雅却极有韵味。古人干脆将兰花的香味称为"王者之香"或"天下第一香"等，这也许和兰花往往生长在幽谷，并且很少受外界影响的特性有关。我国文化先师孔子曾赞美兰花说：

芝兰生幽谷，不以无人而不芳，君子修道立德，不为穷困而改节。

　　兰花的气味淡雅不浓郁，却清新柔和，正是所谓"久坐不知香在室，推窗时有蝶飞来"。由于兰花代表的是高雅纯洁，古人也将兰花视为美好而有品德的君子形象。

　　兰花就是位儒雅敦厚又稳重高尚的君子，他的品德高尚，举止文雅，甚至能令在他身边的人也慢慢变得风度翩翩。从此，兰花的君子花形象就被确立了。

　　孔子将兰花的地位捧得很高，这其中也有他拿兰花自喻的原因在里面。当年孔子在外周游十多年之久，四处游说传播自己的思想和信念，却始终没有得到任用。在从卫国返回鲁国的途中，感慨之余的孔子偶然见到兰花独茂，于是触景生情，感慨万端：

　　夫兰当为王者香，今乃独茂，与众草为伍，譬犹贤者不逢时，与鄙夫为伦也。

　　孔子的这样一句感慨，从此为后世定下了兰花贵为"王者之香"的基调。后代几乎所有涉及到兰花的文章、著作都会提到它。

　　此句的本意是，兰花是应当为王者提供香气的花，也就是兰花应是只有国君

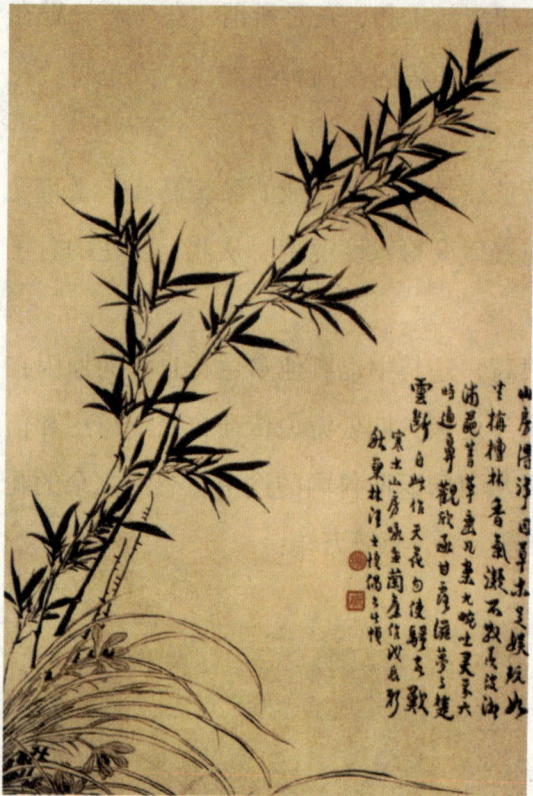

才能欣赏的高级花卉。但这句话实际上也是未遇到伯乐的孔子一句对自身境遇的慨叹。

孔子把兰花比作贤臣，实际上也是自喻，说自己周游列国，却生不逢时，得不到重用，只能混迹于人群之中，就像独茂的兰与众草为伍一样，屈尊与鄙夫为伍。

虽然孔子这样的言论似乎有些失礼，不像是温文儒雅的思想家会说出来的话，但无论是在哪个时代，天才都是寂寞的。得不到重用的天才尤会按捺不住发牢骚，这也是他们颇有人情味的一点。

孔子觉得自己是贤臣，是君子，而兰花也像贤臣一样，因此自己就是兰花。兰花品行高洁，卓尔不群，连与其久居其室都能满身香气，正如君子的道德可以感化教育周围的人一样。

孔子在兰的自然属性与儒家人格特征之间找到了呼应与契合，并借助于兰的文化意象，使儒家的人格特征得以直观、清晰地表达，同时，兰的文化内涵也由此产生了。

兰的幽香清远适合君子德行的高贵雅洁，不媚流俗，同时也体现了儒学重社会功用的特点。再加上孔子盛赞兰花的那句"不以无人而不芳"，这种悠然豁达的思想境界又将兰花的君子形象推上了一个新制高点。

兰花的叶态绰约多姿，色泽终年常青，花朵幽香高洁，并以独有的天姿神韵，最早介入古典贵族生活的各个侧面，最早载入历史典籍，并且进入了儒者的审美视野。

古人爱兰的高洁典雅，或许还与它那段奇特而神秘的际遇有关。怀才不遇的孔子见隐谷中的兰与众草为伍，顿起身世之感，从此确立了兰与儒家人格的内在联系，而这种花与人之间同位一体的思维模式，则来自古人的图腾崇拜。

但真正奠定兰花为"君子花"基调的依然是孔子。他的一句"兰当为王者香"成为了先秦时代儒家的共识。

就这样，儒学将不为外物所动的兰花提升到了人的品行和毅力层次。抱有操守和气节，在儒家文化里是很重要的一个层面，因为古人的生活环境并不是一直都太平，人的品行和道德会在很多时候受到考验。这时，有没有兰花一样的儒雅品行和坚韧操守，就是判断一个人是否为"君子"的重要标志。

子夏与子贡都是孔子的有名高徒。孔子认为，子夏喜欢与比自己贤明的人在一起，所以子夏的道德修养就日益能够提高。子贡喜欢同才质比不上自己的人相处，因此他的道德修养就日渐减少。孔子说："与善人居，如入芝兰之室，久而不闻其香，即与之化矣。"孔子还说："与不善人居，如入鲍鱼之肆。"最后，孔子得出结论"君子必慎其所处"。

知识点滴

屈原以兰花比喻贤才

符合儒家道义的兰花，当化之为人时，就是历代圣贤所标榜的君子。因为儒家讲究的是，君子要"修身、齐家、治国平天下"，要以"诚意修身"为本，"齐家治国平天下"为务。

如兰花一般，君子务本，本为根，根固则枝叶繁茂，人生的言行与事业就是枝叶。身心修好了，家必齐业必旺。

在儒家看来，"治国平天下"是人生追求的大目标，大目标实现了，人生的价值也就体现出来了。

不过，即使人生的大目标没有实现，缺乏自己展示"治国平天下"的政治平台也不要紧，那么保持一颗如兰的平常心，不怨天不尤人，做个隐者过箪食瓢饮的生活也是乐事，也是君子。

没有能力改变大环境，就洁身自好，独自芬芳；要是有了能力，就像兰花一样用君子的品德和香气去晕染这个世界。拥有兰花难以察觉的香气一样的品格，就是幽兰一样的君子。

说到君子，就不能不提起屈原。屈原是楚国丹阳人，他自幼勤奋好学，胸怀大志。他是一位品德高尚，而且又有抱负的政治家，曾任左徒、三闾大夫，他常与楚怀王商议国事，参与法律的制定，主张章明法度，举贤任能，改革政治，联齐抗秦，提倡"美政"。在屈原的努力下，楚国国力有所增强。因为屈原为人耿直，在修订法规的时候，没有和上官大夫同流合污，因此受到了一部分人的排挤。

同时，楚怀王的令尹子兰、上官大夫靳尚和他的宠妃郑袖等人收了秦国使者张仪的贿赂，不但阻止楚怀王接受屈原的意见，并且使楚怀王疏远了屈原，并将屈原流放到江南。

公元前278年，秦国大将白起带兵南下，攻破了楚国的国都。屈原

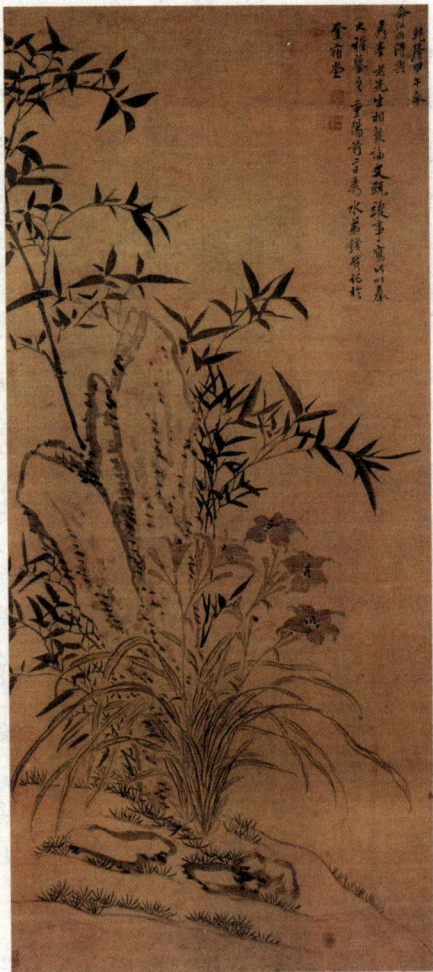

的政治理想破灭，对前途感到绝望，虽有心报国，却无力回天，只得以死明志，在同年五月怀恨投汨罗江自杀而亡。屈原在投江之前，曾留下了一篇传世的美文《离骚》，抒发自己遭遇君王误解而被流放、被抛弃的心情。屈原的一生像极了不为无人而不芳，不因清寒而萎缩的兰花，他与兰花有着深深的缘分。

传说屈原遭到奸臣陷害，被革职罢官后，他回到了家乡归州，住在牛肝马肺峡的南岸，于仙女山下的九畹溪边，办起一所学堂，亲自教授弟子。有一天，仙女山的兰花娘娘出游，从这里路过，发现清癯的屈原正在讲课，于是自空中降下云头，立在窗外一侧静听。

屈原挥舞双手，慷慨激昂地陈述振兴楚国的道理，那种矢志不渝的爱国精神，令兰花娘娘也为之感动。她深知屈原平素性喜兰花，临走时，特意施展法术，将其栽种在窗下的三株兰花点化成精。

屈原诲人不倦，舍己忘我地传道授业。有一次课间，他抱病讲到国家奸臣当道、百姓受难的情形，由于过分激动，义愤填膺，一口鲜血从嘴里喷射出来，恰巧溅落在窗外的兰花根部。

那三株兰花，得到屈大夫的心血滋养，一夜之间竟长成了一大蓬，学生们数了数，足有几十株。

屈原闻着扑鼻的清香，病情也好转了许多。大家喜出望外，一齐动手将兰花分株移栽到学堂四周的空地上。

说来奇怪，那兰花第一天入土即生根，第二天便发菟抽芽，第三天则伸枝展叶，第四天就绽蕾开花，到了第五天，每一株又发出大蓬大蓬的新菟来。屈原率领学生们在溪边、山上忙着移栽，兰花因此得以铺展蔓延。

随后，兰花从三畹发展到六畹，又由六畹逐步扩展到了九畹。从此，仙女山下的这条清溪就叫作了九畹溪。九畹溪边的兰花，一年盛似一年，其醉人的芳香漫溢了西陵峡，香飘归州，直至香飘半个楚天！在屈原的《离骚》之中，他用兰花描述了自己的高尚品行：

扈江离与辟芷兮，纫秋兰以为佩。

这一句将屈原那把江离芷草戴在肩上，摘秋兰佩挂在胸前的洁身自爱和高志品行表现得气宇轩昂。有着远大报国理想的屈原和兰花一样，出身高贵，品质高洁无染。

兰花栩栩如生地表现了诗人那高洁的出身和不屈于世俗的理想。兰花从此成了品质、节操和志向的文化寄托。"物芳""行廉"也随之成为了我国知识分子永远的追求，也成为了我国老百姓对"官"永远铭心的期盼和评判。

这种观念不仅在民间流传，甚至还潜移默化地影响到了帝王。所以，就连后来的唐太宗李世民也在《芳兰》里感叹道：

> 日丽参差影，风传轻重香。
> 会须君子折，佩里作芬芳。

从此，几乎我国的历代帝王都有咏兰诗作。这绝非随意，而是君王对官员"行廉""物芳"的期望和要求，更是感叹屈原当年如兰花一般的君子品质。

知识点滴

传说屈原在归州后期，他乘着一叶扁舟，载着满溪花香，独自出走了。那一年五月，九畹溪畔、芝兰乡里葳蕤的兰花，突然全部凋零枯萎而死，只留下阵阵暗香。

乡亲们预感到将有什么不祥的事情发生，心里惴惴不安。几天之后果然传来噩耗，就在兰花凋谢的那天，屈大夫已经含冤投身汨罗江自尽了。人们悲痛不已，仙女山上的兰花娘娘也哭肿了眼睛。屈大夫的学堂遂被改建成了芝兰庙，广植兰草，后人借此以示永久的纪念。

书圣在兰亭留下名篇

　　我国古代的文人狂士向来不少，最张扬的一批是在魏晋，因为那时的社会风气就是追求自然洒脱。说起魏晋时期的名士，最不屑的就是追求功利。他们的观念是，无论出于什么目的，为朝廷做贡献或为百姓谋福利也好，做个小官养家糊口以尽孝道也罢，只要想做官，那

就是没品位，没骨气，没追求。

当时的魏晋文人烦官吏烦到什么程度呢？竹林七贤中的嵇康，就因为朋友山巨源举荐了自己去做官，就恼得写了一篇《与山巨源绝交书》出来，摆出了"老死不相往来"的架势。

嵇康的哥哥嵇喜与他的弟弟不同，他博学多才，温文有礼，历任江夏太守、徐州刺史、扬州刺史、太仆，直至宗正。

有一次，竹林七贤中的另外一位雅士阮籍的母亲过世了，嵇喜好心前去吊唁，结果愣是被阮籍以翻白眼相待，最后郁闷地走了。是他哪里做得不妥吗？不是的，只是因为阮籍也是极其鄙视近功名利禄之人，他嫌嵇喜当官，太俗了。

也许因为仰慕与"竹林七贤"相合的兰花的清淡高洁和玲珑美丽，后来东晋时期的书法家王羲之也十分喜爱兰花，他养兰赏兰，对兰花的痴迷达到废寝忘食的地步。甚至于在精研书法体势时，王羲之也得益于爱兰。兰叶清翠欲滴、素静整洁、疏密相宜、流畅飘逸，跟书法有不少相似之处。

王羲之与其后的书法家颜真卿同写兰花的"兰"字，结构不同表现特点就不同，就是在于对"兰"的理解不一样。王羲之将兰叶的各种姿态运用到书法中，使他的书法结构、笔法、章法的技巧达到了精熟的高度。

王羲之的书法兰画映素，气脉贯通，字体秀美，错落自然，且因字生姿、因姿生妍、因妍生势、因势利导，达到了神韵生动、随心所欲的最高境界。

相传，越王勾践曾在浙江绍兴西南的兰渚山种过兰花，从此之后，当地人就把这个地方叫作兰亭。在王羲之所处的东晋时期，圣洁纯净的兰花早已经成了隐者雅士的标志。那时的隐者们，要是谁家没有养几盆兰花，是会被人嘲笑的。

东晋穆帝永和九年，也就是公元353年的时候，王羲之搞了个修禊活动。

所谓的"修禊"是古时候人们的一种风俗习惯，人们往往在阳春三月到水边洗洗手、洗洗脚、沐浴更衣，并用香薰草沾点水洒在身上，意思是除去一年不祥的征兆，祈祷来年幸福平安，以表吉祥。

　　爱兰的王羲之选择兰亭作为修禊之所，除了"此地有崇山峻岭，茂林修竹，又有清流激湍，映带左右"之外，更是因为兰亭遍地盛开幽兰，馨香扑鼻。那一天，王羲之请来的客人也都是当时的名人，如孙统、孙绰、谢安、支遁等。

　　这些同样喜爱兰花的名士们每个人都是才华横溢的，要来借这个重要的聚会发表作品。只见他们列坐水边，让盛酒的羽觞从水的上游放出，循流而下，流到某人面前，某人就得即席赋诗。

　　这次聚会有26人作诗37首，名士们因此而留下了"俯挥素波，仰掇芳兰""微音选泳，馥为若兰""仰泳挹遗芳，怡神味重渊"等咏兰名句。王羲之为这些诗作了序，记下了宴集的盛况，写出了与会诸人的观感，这就是有名的《兰亭集序》。

　　王羲之的这篇序，写得流畅劲健，成为后世人们称道的《兰亭帖》。传说，当时王羲之是趁着酒兴方酣之际，用蚕茧纸、鼠须笔疾书此序，通篇28行，324字，凡字有复重者，皆变化不一，精美绝伦。

　　虽然后世很少有人能再有王羲之和朋友们饮酒赋诗的潇洒情怀，但幽雅的兰亭和兰花的清香以及飘逸俊秀的《兰亭集序》，总能令人联想起当年文人雅士们流觞作诗的风雅场面。

　　王羲之出身名门望族，但并不热衷于仕途钱财。他风流倜傥、才华横溢，向往轻灵淡泊的生活，对兰花的喜爱和痴迷使他的书法全然突破了隶书的笔意，字如其人，人如其兰，这不可不说是书圣与兰花奇妙的缘分。

　　王羲之喜爱兰花，相传他从婀娜多姿的兰花中得到启发，创造出了飘逸流畅的书法新体。王羲之将兰叶的各种姿态运用到书法中，使书法结构、笔法、章法的技巧都达到了神韵生动的艺术境界。

　　南宋著名画家郑思肖善画兰，尤其擅长画露根兰。他所画兰花，刚劲挺拔，疏花简叶。有趣的是，他画兰时，不画泥土，根芽暴露，人问何故？答道："土地为人夺，忍者耶？"寥寥数语，道出了画家的殷殷爱国之情，令人顿生敬意。

　　明代著名画家文徵明喜欢养兰画兰。他在诗中写道："手培兰蕊两三载，日暖风和次第开。坐久不知香在室，推空时有蝶飞来。"画家栽兰、赏兰的情景跃然纸上。他喜爱产于福建的兰花名品建兰，并赋诗道："灵根珍重自瓯东，绀碧吹香玉两丛。"正因如此，文徵明不断从栽兰、赏兰中获得了艺术灵感，所画的兰花，秀丽婉润，风度翩翩，人称"文兰"，以致成为驰名画坛的画兰大家。

知识点滴

郑板桥等人的兰花情结

我国历代思想家都乐于将兰花视为至高无上的花中君子。南宋著名思想家朱熹在《兰涧》里就赞颂兰花说：

> 光风浮碧涧，兰枯日猗猗。
> 竟岁无人采，含薰只自知。

在古代，一个人能面对的最大冲击和磨难是什么呢？不外乎就是国家之间交战带来的动荡。当江山易主，家人失散，国土破裂，作为我国传统文化的主流，儒学尊奉的最高道德境界就像兰花，那就是坚

贞的操守和内敛的个性。

这一人格特质在宋末元初著名的诗人兼画家郑思肖的画风中得以集中完整的体现。郑思肖在宋亡后隐居苏州，无论坐卧都会面对南方，自号所南，以表示不忘故国之意。

据古籍《宋遗民录》记载：

郑思肖……精墨兰，自更祚后，为画不画土，根无所凭借。或问其故，则云："地为人夺去，汝有不知耶？"

郑思肖画兰不画土，以兰花失去赖以扎根的土地来比喻失去家园的自己，用"根"喻故土，以"兰花"喻人，以"失根的兰花"比喻飘零异邦的人及其悲凉惆怅的心情。"失根的兰花"成为情思的聚合点，使故国之思、故园之恋表现得更深沉和真挚。

郑思肖用"失根的兰花"自喻，足见他深厚的儒学素养。因为兰

花是我国传统文化特征的象征，它身上积淀了一个民族的历史。

与此同时，兰作为一种人格的象征，它的内涵不是单一的，而是多重的。自孔子对它的文化内涵作了人格化定位后，兰文化显示了自身的延展性，在不同的文化背景下对儒学人格进行了调整、补充。

就连后来开创了康乾盛世的千古一帝康熙也欣然为君子花作诗，他在《咏幽兰》中写道：

婀娜花姿碧叶长，风来谁隐谷中香。

不因纫取堪为佩，纵使无人亦自芳。

都说万物本无情，其实也是有道理的。自然造化之间，一切生命都是如常变化，并不含什么深意。变的只是赏花赏草人的心意，因此本来单纯的万物也显得极有韵味了。

这样一来，在清代文学家同时也是"扬州八怪"中赫赫有名的郑板桥眼里，兰花也像他一样，是个狂放、叛逆、清高、磊落坦荡、耿介刚直、为民请命的正人君子，他笔下的兰，秀劲绝伦，神韵十足。

郑板桥其人性格狂放，连写字也是大小不一，歪歪斜斜，却偏偏有一种错落有致的美感，被称为"板桥体"。古话都说"字如其人"，郑板桥本人也和他的字体差不多，有一种张狂疯癫的气质。

　　粗略一看，具有傲气的魏晋文人倒是很有兰花的气质，与郑板桥好像不搭边，因为郑板桥挺喜欢做官的，他一直没有放弃考取功名，即使经历了清代三朝皇帝之久，他才得以脱颖而出。但是，他做官也发扬了兰花的精神。

　　说来有趣，郑板桥是康熙时的秀才、雍正时的举人、乾隆时的进士，虽然科考之路比较漫长，但他与那些皓首穷经、终生不第的知识分子相比，他还算是幸运的。

　　说来也怪，魏晋时期文人雅士有关的逸事，郑板桥也几乎一件都没落下过。他花了那么久才考取功名，让人以为他很珍惜自己的官位，会战战兢兢地与上级同僚相处，非也，郑板桥是个不折不扣的刺头，他我行我素的风格简直不逊于任何魏晋名士。

　　在郑板桥担任潍县知县时，有一天差役传报，说是知府大人路过潍县，郑板桥却没有出城迎接。原来那知府是捐班出身，光买官的钱，就足够抬一轿子，肚里却没有一点真才实学，所以郑板桥瞧不起

他。后来，知府大人来到县衙门后堂，对郑板桥不出城迎接，心中十分不快。在酒宴上，知府越想越气。恰巧这时差役端上一盘河蟹。知府想："我何不让他以蟹为题，即席赋诗，如若作不出来，我再当众羞他一羞！"

于是，知府就用筷子指一指河蟹说："此物横行江河，目中无人，久闻郑大人才气过人，何不以此物为题，吟诗一首，以助酒兴？"

郑板桥已知其意，吟道：

八爪横行四野惊，双螯舞动威风凌。
孰知腹内空无物，蘸取姜醋伴酒吟。

郑板桥毫不掩饰地用螃蟹讽刺对方，令知府大人十分尴尬。

郑板桥画兰爱兰，为人也颇有君子之风。但他并不是屈原那种儒雅的君子，而是英气勃发的君子。

公元1746年，郑板桥在山东范县、潍县做七品县令时，潍县等地连年灾荒，发生了"人相食"的惨事。郑板桥目睹此状，痛心异常，决定开仓放粮。按理说，以他当时的官位，他是绝对没有权力那样做的，因此不少人试图阻止，或是劝他先呈报请示。

但是"扬州八怪"之一的郑板桥哪是能被权势吓倒的人呢？他立即拨出一批谷子，叫百姓写条借粮，这样救活了万人的生命。这还不

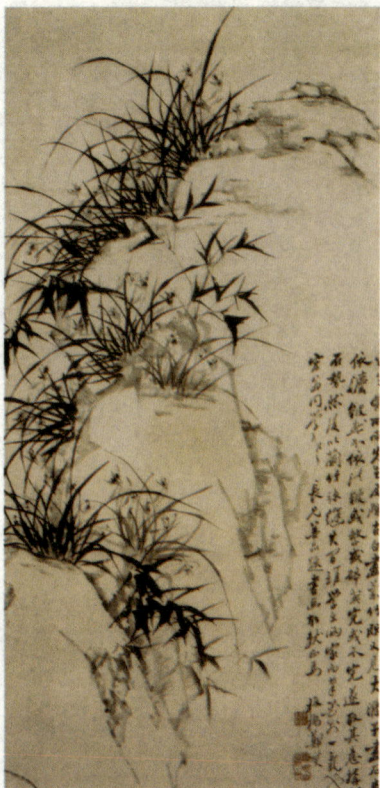

算，当年秋收后粮食颗粒无收，很多人因不知怎样还粮而心惊胆战，郑板桥知道后又一把火将借条全部烧光了。

此事过后不久，郑板桥就被罢官了。但他毫不在意，用一首《题画兰》隐喻了自己的心境：

身在千山顶上头，突岩深缝妙香稠。
非无脚下浮云闹，来不相知去不留。

兰花盛开在高山之上，狭窄陡峭的岩缝之间，生存环境本就不易，但是它依旧散发出美妙的香气。脚下虽有浮云滚滚，奔腾放荡，但兰花才没把它们当回事呢！根本就没有注意到浮云何时会飘来，也不知何时会飘走。

郑板桥简单几句话，赞美了兰花在艰苦恶劣的环境里卓尔独立的品行和淡泊的心态，也借此表白了自己坚持操守、淡薄自足、追求个性自由的情怀。皇上不高兴要罢官是吗？罢就罢吧，随便！

郑板桥爱兰，也敬兰。他在作画时喜欢画盆兰，也常画峭壁兰、棘刺丛兰。他的兰画中，数量最多、最耐人玩味的是兰竹石图，这固然是古代写兰的传统，但"八怪"的特色花卉画，也是他的创造和突出成就。

郑板桥在兰竹画中常添石，认为"一竹一兰一石，有节有香有骨"，也是"兰竹石，相继出，大君子，离不得"。在他眼中，兰竹石，能代表人坚贞不屈、正直无私、坚韧不拔、心地光明和人格高洁等品格，因而他题画诗的字字句句，托物言志，意境深远。

纵观郑板桥笔下所画的兰竹石，细品题画诗。不难看出，他喜画兰竹石的缘由，正如他所云：四时不谢之兰，百节长青之竹，万古不败之石，千秋不变之人。兰花彻底融在了郑板桥的生命里，影响着他的方方面面。

郑板桥是个独特的人，他既有兰花的高洁傲骨，也有兰花内敛的君子气。他一生虽然我行我素，但收放有度，为人正直又懂得进退，还为后人留下了一句耐人寻味的"难得糊涂"。洞明世事，同时要忍耐包容，这就是郑板桥对君子花的诠释。

因为郑板桥与兰花的缘分实在不浅，他本人又是个传奇，民间对郑板桥与兰花的传说十分入迷，有人说郑板桥曾在梦中巧遇兰花仙，也有人说兰花曾化为郑板桥的女儿。

兰花张扬地开在陡峭的山谷间，不因狂风而动容，看似单薄的身躯却根深蒂固地扎在土里，兀自芳香。郑板桥在兰花威严张扬的王者光环下，读出了它儒雅坚忍的君子风范。

传说郑板桥有一天夜里梦见躺在兰花之上，他醒来之后，兰花便在他的笔下栩栩如生了。还有传说他有一天走在山中，跟在一个窈窕少女的身后，他从少女美丽的背影感受到了兰花的婀娜多姿，少女浑身发出兰花香，四肢如兰叶，简直跟兰花开放差不多。原来，这少女便是兰花仙子，带给了郑板桥一身的兰花仙气。

知识点滴

儒释道与兰花的渊源

　　那是公元1805年，浙江天元余姚等地掀起了一股种植兰花品赏兰花之风。先是天元道坛的道长道士，后继天元的文人雅士，再逐渐发展到名人及商家，进而成为了一种民风。

公元1819年，为了进一步宣扬崇道敬德，一位张姓道长广邀名人雅士，发起了"天元兰花盆景展现会"，简称叫"兰盆会"。这个"兰盆会"每年举行两次，每次展期历时7天。

第一届"兰盆会"在公元1819年深秋的农历十月底举行，展出了各类兰花200余盆，观赏者近500多人。到了公元1831年，"兰盆会"的规模近一步扩大，展会内容也从原观兰赏花，扩展到品兰、咏兰、画兰、赠兰。一时间，天元名人雅士云集，热闹非凡，"兰盆会"名誉姚北。

无论是儒家思想还是道家思想，都是讲的人生道理。做人要以正为师，以守贞为本，言不激行，有兰心兰德的人必然心性不乱，言行不偏激，就是君子，就是正人。

道家坚守的是一种真元之气，和合之气，即不被恶俗所感染的正直之气。我国蒙学著作《三字经》里说，"人之初，性本善；性相近，习相远"。

古人认为，人在脱离母胎之初心性是善良的、真朴的，然而人心随着年岁的增长，习性就开始变化，渐渐地被世俗中丑恶的东西所侵蚀，变得复杂和混沌起来，如一泓清泉被污染了。

道家的修道就是儒家讲的修身，那人为什么要修道呢？因为世界是一个大染缸，太混浊太肮脏太龌龊了，染上坏的习性就必须把它去掉，修道就是返璞归真，还原人性的初态。

兰花的特性使其任凭外界物性万变，也不离性淡守贞和香清高洁的品格，成为了人们学习与修行的榜样。因此道家认为，兰花乃草中尤物，花中至宝，人若修到如兰的境界，则非圣即贤矣！

我国历史悠久，思想文化源远流长，兰花就是沉浸在优美文化中的一颗明珠，它完美地将我国各派传统文化的精髓和主旨串联在了一起。除了儒教和道教以外，兰花对佛教也有完美的诠释。

佛教信奉的是清静、禅定和出世，而兰花生于空谷幽林，环境清静，无街市的喧闹，"不以无人而不芳"，是一种淡泊，其特点在于"定"，也就是不为外物所染，保持禅定，与佛教中的"戒、定、慧"的"定"是同一含义。

一代高僧圆瑛法师有偈云，"世间诸相皆常住，万象森罗见本真"，人和万物相同，都有各自的真实本性，要见本真就需修行，修到什么程度呢？佛家追求的是修到"真如"境界，也就是明心见性的高度。

佛家之云，禅者，静也，定也，悟也；静了，定了就得妙悟，就能生出人生的大智慧来。"贪嗔痴"是每个人身心上的蒙尘垢物，"戒定慧"乃是医治"贪嗔痴"最好的妙方。

因此，佛徒修行的第一要务就是戒，戒什么?戒贪念，戒嗔心，戒痴愚之性也。戒然后定之，戒了就清静了，就定了，心态就平和了，人生的智慧就长出来了。因此，几乎所有的佛家寺院都种植有禅兰，其目的就是用作僧尼入定悟禅与劝教世俗众生修行。

佛教认为，从养兰品赏之中也能养成兰花的遗世独立，安于淡泊，乐于恬静的品格，脱离世俗烦恼，获得清静无为的快乐。佛教中的"一花一世界，一兰一君子""见兰悟禅"之说是很有道理的。

普陀山戒忍方丈曾概括地说兰花和佛教的关系：

兰是禅花，非有禅

缘，不结兰缘。兰是灵物，能卜凶吉。室浊则兰萎，屋凶则兰枯。兰有佛性，不论贵贱，平和同仁。

兰花文化与我国传统的儒释道都有很深渊源，正是由于兰花品质中的几大特点与这些宗教在精神上有很大的相通之处。

知识点滴

从前，有个老和尚对兰花情有独衷，在寺院里种了很多兰花。老和尚视这些兰花为最爱，对兰花呵护备至，有一天，老和尚要外出云游，因为路途较远，就嘱一小和尚看护兰花。小和尚畅快地答应下来，老和尚放心离开。

傍晚，天空乌云密布，紧接着电闪雷鸣，小和尚把看护兰花的事情忘得一干二净。雨越下越大，小和尚猛然想起，但可怜的兰花已被狂风暴雨摧残成了一滩花泥。第二天，小和尚忐忑不安地等待着老和尚大发雷霆，但老和尚捋了捋花白的胡须，淡淡地说："我不是为了生气而种兰花的。"

竹

竹子四季常青，姿态优美，在我国源远流长的文化史上，松、竹、梅被誉为"岁寒三友"，而梅、兰、竹、菊被称为"四君子"，竹子均并列其中，可见竹子在我国人们心中占有重要的地位。

竹子的干挺拔秀丽、叶潇洒多姿、形千奇百态，它无牡丹之富丽，无松柏之伟岸，无桃李之娇艳，但它虚心文雅的特征，高风亮节的品格为人们所称颂。一丛丛一片片的翠竹既美化了人们的生活，又能陶冶和升华人们的高尚情操，可谓饱含寓意啊！

天宫的玉竹来到了人间

相传古时凡间是没有竹子的，竹子只生长在王母娘娘的御花园中。每天承受仙霖甘露的竹子，长得俊秀挺拔，神仙们十分喜爱，特别是王母娘娘，更是对竹子宠爱有加，便派仙女每天悉心照料。

有一年的花朝节，花神下凡去找百花庆祝生日，王母娘娘在蟠桃会上乘兴多喝了几杯百花露便醉了。这百花露喝上一杯，神仙也得醉三天，更何况多喝了好几杯呢?

平时侍候在王母娘娘身边的金童和玉女闲来无事，就想趁机溜到人间凑个热闹，也去给花神祝寿，好好游览一番人间美景。

为了给花神献上贺礼，玉女带上了一棵小小的、透明的竹子，爱玩的金童则随手牵走了被王母娘娘囚在笼中的九头鸟。

金童和玉女到了人间之后，看到了很多以前没有见过的东西，觉得十分开心。花神接过玉女递上的玉竹，十分喜欢，左看右看地看不够，就顺手将玉竹插在了坚硬的地上。小小的玉竹在安逸的沉睡中醒来，它东张西望，发现这里不是仙境，有些惊慌。但是由于年纪小又爱玩，它很快就适应了新环境，便沉浸在花神生日贺宴的欢乐气氛里。

由于玉竹从小受仙女照顾，又是喝仙露长大，因此是无色的。当它注意到身边的花朵各有颜色之后，很羡慕它们，就恳求花神赐给它一种新颜色。花神平日里就喜欢文雅不争风头的绿叶，就将竹子染成了青葱的绿色。

竹子得到新颜色后眉开眼笑，为了多看看人间这个陌生的世界，它就拼命拉长自己的身体，一节一节地向上蹿去。它长得越高，视野就越开阔，颜色就越翠绿。

再说金童，因为一时贪玩，他将手中捧着的九头鸟弄丢了。九头鸟虽然曾经是只神鸟，但是因为它总和鸣蛇来往，因此渐渐染上了妖气，变成了妖兽，王母娘娘怕它祸害人间，才将它囚禁在笼中。

金童知道丢失九头鸟便闯了大祸，他虽然着急，却不敢告诉任何人，也没有找到逃脱的九头鸟。这时，天宫里传来王母娘娘呼唤侍女的声音，金童和玉女就急忙告别花神，匆匆地回天庭去了。

花神看着挺拔秀气的玉竹，怕它孤单，就又返回天庭向玉女要了几棵，也栽在地上和玉竹做伴，然后离开了。玉竹看到同伴以后，便急忙和它们凑在一起，"叽叽喳喳"地讨论人间的景色，并且对一切都新奇不已。

随着时间的流逝，到了尧和舜的时代。竹子越长越多，越长越茂盛，就渐渐出现了竹林。美丽清幽的竹林很快赢得了无数人的喜爱，它们笔直的躯干尤其引人注目。

而九头鸟则偷偷跑到了湖南的九嶷山上，为了隐藏踪迹，它变成了一条长着9个头的恶龙。这条恶龙经常到湘江来戏水玩乐，以致洪水暴涨，庄稼被冲毁，房屋被冲塌，人们叫苦不迭，怨声载道。

舜帝是位关心百姓疾苦的好首领，他得知恶龙祸害百姓的消息之后，吃不好，睡不安，一心想要到南方去帮助百姓除害解难，惩治恶龙，于是他就告别了自己两个妻子娥皇和女英，带着三齿耙走了。

娥皇和女英虽然出身皇家，又身为帝妃，但她们深受尧舜的影响和教诲，并不贪图享乐，而总是关心百姓的疾苦。她们对舜的这次外出，是依依不舍。但是，想到为了给湘江的百姓解除灾难和痛苦，她们还是强忍着内心的离愁别绪，欢欢喜喜地送舜上路了。

自从舜帝走后，娥皇和女英一直在家焦急等待着他征服恶龙后凯旋。可是，一年又一年过去了，燕子来去了几回，花开花落了几度，舜帝依然杳无音信，她们担心极了。

她们两人思前想后，觉得与其呆在家里久久盼不到音讯和见不到归人，还不如前去寻找。于是，娥皇和女英迎着风霜，跋山涉水，到南方湘江去寻找丈夫。翻了一山又一山，涉了一水又一水，她们终于

来到了九嶷山。她们沿着大紫荆河到了山顶，又沿着小紫荆河下来，找遍了九嶷山的每个山村，踏遍了九嶷山的每条小径。

这一天，娥皇和女英来到了一个名叫三峰石的地方，这里耸立着3块大石头，旁边有翠竹围绕，还有一座珍珠贝垒成的高大坟墓。她们感到十分惊异，便问附近的乡亲："是谁的坟墓如此壮观，3块大石为何险峻地耸立呢？"

乡亲们含着眼泪告诉她们："这便是舜帝的坟墓，他从遥远的北方来到这里，辛辛苦苦帮助我们斩除了九头恶龙，使我们过上了安乐的生活，可是他却鞠躬尽瘁，受苦受累病死在这里了。舜帝病逝之后，湘江的父老乡亲们为了感激舜帝的厚恩，特地为他修了这座坟墓。九嶷山上的一群仙鹤也为之感动了，它们朝朝夕夕地去南海衔来一颗颗灿烂夺目的珍珠，撒在舜帝的坟墓上，便成了这座珍珠坟墓。这3块巨石，是舜帝除灭恶龙用的三齿耙插在地上变成的。"

娥皇和女英得知实情后，难过极了，两人抱头痛哭起来。她们悲痛万分，一直哭了九天九夜，把眼睛都哭肿了，嗓子也哭哑了，她们

流出血泪来，最后死在了舜帝的旁边。

相传娥皇和女英的眼泪，洒在了九嶷山的竹子上，竹竿上便呈现出了点点泪斑，有紫色的，有雪白的，还有血红血红的，这便是"湘妃竹"。

从此，湘妃的斑竹泪使竹成为了女子对于爱情坚贞不渝的写照。

相传竹子曾生长在王母娘娘的御花园中，王母命侍女朝霞照料仙竹，朝霞却向往人间的幸福生活，有一天，她趁王母喝醉了，便悄悄带着仙竹溜到人间，来到了安吉。

朝霞遇到一个少年，少年正挖山种树，但怎么也种不活。朝霞把竹种撒在山上，整座山很快就绿了。朝霞与少年结为了夫妻，守护着竹子。王母知道后，要对朝霞施刑。大家都求情，王母要朝霞在50天内种成竹子，否则就严惩朝霞。

朝霞于是精心照顾竹子，到了第49天晚上，竹梢已触到了天庭。可是，王母施法将竹子劈去了一大截。朝霞于是将血渗入土壤，竹子一阵猛长，天明时分竹梢便越过了天庭。朝霞却化为了一泓清泉，永远守卫着竹林。

知识点滴

竹的巨大文化传播贡献

我国是最早使用竹制品的国家，所以竹刻在我国由来已久。竹刻又称竹雕，是在竹制的器物上雕刻多种装饰图案和文字，或用竹根雕刻成各种陈设摆件，比如佛像、人物、蟹或蟾蜍之类的一种欣赏价值很高的工艺品。

我国先人们早在新石器时代早期就开始用竹子编织和雕刻各种赏心悦目的工艺美术作品了。到了春秋战国时期，竹编艺术就已达到了很高境地，尤以楚国最为发达，品种极为丰富，并以高超技艺和独特风格而著称。

竹子对我国文化的贡献，突出地表现在竹器的广泛使用上。据考古证明，在新石器时期，竹编在我国就已经开始出现了。随着文明的不断进步，竹器的种类也日益增多，成为了人们生活中不可或缺的必需品。如人们坐卧用的床、榻、席、椅、枕、几，盛食藏衣用的橱、箱、柜、匣、甂、桶、斛、盆、箪笥，口中吹奏的箫、笛、笙、簧，简直应有尽有。

还有人们手中把玩的团扇、手杖，装饰用的竹帘、屏风、花瓶、灯笼，打仗用的刀矛、箭矢、弩弓，捕鱼用的鱼籪、鱼罩、鱼笼、钓竿，农作用的箩、筐篓、连枷、筛子、簸箕等。

还有交通运输用的扁担、竹杠、竹轿、竹筏甚至竹船等，无不以竹为材料制成的。其中有不少器具既是日常用品，又是十分精美的艺术品，并在世界上享有盛誉。

在我国古代的神话传说中，早就反映出竹子的使用，确切记载源于仰韶文化。汉字起源于原始社会崩溃时期的仰韶文化，而"竹"字

的原始符号则应在此之前就已出现了。另外，在甲骨文、金文中都有"竹"的象形符号和与竹有关的文字。

在音乐方面，据我国的第一部纪传体通史《史记》所记载，竹是制作乐器的重要材料。我国传统的吹奏乐器基本上是用竹子制作的。古代音乐家十分注意材料的选用，对哪种竹子宜作何种乐器，古书记载的都很详细，如种龙竹宜作笛，慈母山竹、紫竹宜作箫，邹山篆竹宜作笙等。

我国音律的起源也与竹子具有重要关联，据我国第一部纪传体断代史《汉书·律历志》记载：

> 黄帝使伶伦自大夏之西、昆仑之阴，取竹之嶰谷，生其窍厚者，断其两节间而吹之，以为黄钟之宫，制十二筒以听凤之鸣，其雄鸣为六，雌鸣亦六，比黄钟之宫而皆可以生之，是为律本。

黄帝曾经指派一个叫伶伦的人定"音律"。伶伦便去大夏之西，从昆仑山南麓取来了竹子，断面节间，长6寸9分，吹之，恰似黄钟宫调，音律优美，从此便有了箫笛等乐器。

这个故事虽是传说，却充分说明了在古人的心中，竹子对音律的发展是举足轻重的。后来考古学家在湖北随县曾侯乙墓出土文物中，发现了竹制的十三管古排箫实物，是考古文物中发现年代最早的排箫。可以说，竹与我国的音乐文化有着重要的联系。古时称音乐为"丝竹"，有"丝不如竹"之说。在唐代时，人们都将乐器演奏者称为"竹人"。我国南方有一民间器乐曲，乐队以丝弦和竹宫乐器为主，人们直接称为"江南丝竹"。

我国传统乐器如笛、箫、笙、筝、鼓板、京胡、二胡、板胡等皆离不开竹。我国古代以竹子制成的乐器很多，单以笛子来说就有十几种，如只有一个孔的吐良，可以同时吹奏两个声音的双音笛，带拐弯的大低笛，长达3.2米，重近5千克的巨笛，短的仅有4.6厘米的口笛等。

古人甚至还研究过一种低音乐器，名叫"相"，可惜已经失传千年了。流传下来的少见的古代竹乐器还有用锤击打

的竹板琴，拍击竹管发音的拍筒琴，根据民间渔鼓发展成的竹排鼓，和用最粗的竹子做的巨龙鼓，用高温烧成的竹炭做成的并能发出金属般声音的炭琴等。

可以说，我国的管音乐实际上就是竹管音乐。竹被列为我国古代的音乐分类"八音"之一，体现了中华民族对待自然的"天人合一"或"天人协调"的态度，也显示了我国传统音乐简明、灵活的特征。

我国商代的古人已知道竹子的各种用途，其中之一就是用作竹简，就是把字写在竹片或木片上，再把它们用绳子串在一起就成了"书"，汉字"册"就是由此而来。我国最早的历史文献《竹书纪年》以及重要著作《尚书》《礼记》和《论语》等都是写在竹简和木简上的。殷商时代用竹简写的书叫"竹书"，用竹简写的信叫"竹报"。

古人以竹片作为文字的载体，用牛皮绳串起来编结成书，就是所谓的"韦编"。大教育家孔子勤于读书，把牛皮绳多次翻断，被人们作为"韦编三绝"的佳话进行传颂。

由于竹简的充分利用，使得我国文字记载的历史可上溯到殷商时代，这为我国文化的发展以及历史文献的传存立下了汗马功劳。以象

形表意为特征的方块汉字也因竹简而被固定下来，逐渐形成了我国独特的书法艺术。

在春秋时期，竹简成为中华民族的主要书写材料。直至南朝时期，流行了约2000年的中华民族的主要书写载体才被纸所完全取代。由于竹纤维细腻而柔韧，所以竹又是造纸的上好材料。在公元9世纪，我国已开始用竹造纸，造纸术成为我国四大发明之一。

然而，竹与书写材料的密切联系并未中断。竹纸具有独特的耐磨性和渗透性，尤其在书法绘画领域很受文人墨客的钟爱，虽然不再作为直接的书写材料，但在唐朝中期，上品竹纸仍是贵重的书写材料。

而用竹造纸，则标志着我国古代造纸技术的巨大发展和成就，极大促进了我国文化的繁荣。关于用竹造纸，明代农业和手工业生产的综合性著作《天工开物》中作了详细记载，并附有竹纸制造图。

实际上在竹纸出现以前，制纸工具也离不开竹子。从竹简开始到竹纸出现,竹子在文化发展史上始终占有重要地位,对保存人类知识起到了重要作用。

我国的书写材料别具一格,书写工具也颇有特色并富创造性。竹笔是中华民族最早的书写工具,作为创作书法艺术和绘画艺术的工具,历久不衰,宣笔、湖笔、湘笔等名笔的笔杆均由竹制成。

"文房四宝"之一的毛笔,竹枝是上等材料。久负盛名的湖笔已发展成羊毫、兼毫、紫毫和狼毫四大类、几百个品种,既是人们得心应手的书写工具,又是赏心悦目的工艺品。

竹笔的发明在文化史上也具有开拓性的一页,在殷代文化遗迹出土的甲骨、玉片和陶器上都可以看出毛笔书写的朱墨字迹,湖北曾侯乙墓和汀鄂出土的春秋战国墓的文物中也有佐证。

竹子对我国古代兵器具有重要的影响。在相当长的历史时期里,竹子是制作箭矢、弓弩等兵器的主要材料之一。

相传河南淇园曾是专供商王制作箭矢的竹园,直到汉代,淇园之竹仍被大量砍伐,用来制作箭矢。此外,会稽的箭竹,荆、楚的箘簬、棘竹等,也因宜于制作箭矢而著名。

知识点滴

金陵派竹雕以小壶刻、简刻为主要特征。这种技法雕镂不深而层次不减,表面略加刮磨,却古朴有味,虽看似了了几笔,却意境深远。

金陵派对圆雕运用颇为讲究,对材质选择很严,雕刻时善于因形取势,不多做人工修饰。金陵派还擅长于竹雕书法,使我国的传统竹雕平添了浓郁的文人气息。这都是金陵派竹雕艺术的魅力所在,也是它的主要特征的具体表现。

历代文人墨客颂竹画竹

　　我国传统文化主干的儒家和道家，分别代表两种迥然相异的人生道路和人格理想，那就是建功立德与遁迹山林，刚正奋进与淡泊自适。这迥然相反的标准构成了我国传统的理想人格，竹却偏偏完美地包容了这两种观念。

在古代，不仅春风得意的官场宠儿常常以竹来互相吹捧或以竹自诩，就是那些落魄荒野的书生和隐居山野、待价而沽的名士，也普遍寓情于竹，引竹自喻。

在这独特的文化氛围中，有关竹子的诗词歌赋是层出不穷。最早赋予竹以人的品格，并把它引入社会伦理范畴的，恐怕要算我国古代重要的典章制度书籍、儒家经典著作之一《礼记》了。

《礼记·祀器》中说：

> ……其在人也，如竹箭之有筠也，如松柏之有心也。二者居天下之大端矣，故贯四时而不改柯易叶。

因此，古往今来，竹子令一代又一代的文人名士如醉如痴。许多人为了追求清风竹下"清、幽、寒、静"的独特意境，常常置身于绿竹依依的幽雅环境中谈艺论道，以达到他们超凡脱俗的禅境和欣悦无比的审美情趣。

在魏晋时期，嵇康、阮籍等7位名士信奉道家朴素辩证法思想，崇尚自然，认为"天地与我并生，万物与我为一"，主张清静无为，反对斗争，他们这种藐视名利的主张引起了当时皇家的不满。

为了洁身自保，这7位名士经常隐身于竹林之中，弹琴吟诗，借酒佯狂。遁隐竹林之中的他们敬竹崇竹、寓情于竹、引竹自喻，被后人称为"竹林七贤"。这"竹林七贤"对后代文人的言行举止也产生了莫大影响。

竹子清丽俊逸、挺拔凌云的姿质令风流名士们沉醉痴迷，一时间，有为了看一眼秀丽挺拔的竹子而跋山涉水、不远万里的人，有种十顷竹林居住在其中的人，也有乐此不疲整日吟咏诗词赞美竹子的人。爱竹的诗人有很多，比如王徽之、张鷟、翟庄、袁粲等人。其中，王徽之的喜爱之情最溢于言表。

王徽之将竹子视为家庭中的重要成员之一，连一日不见都觉得难以忍受。他平生爱竹，可算竹子的好知音。

这一时期，文人雅士赋竹、赞竹，为竹作谱，蔚成风气。我国最早的一部植物专谱，南朝刘宋时期的戴凯之所著的《竹谱》，正是在

这种风气下以韵文的形式诞生的。

但是，魏晋南北朝时期，文人士大夫所赋予竹的，是清风瘦骨、超然脱俗的魏晋风度，尽管对竹的高节、坚贞也偶有提及，但更多的是对竹的自然风采礼赞，表现了这一时期文人士大夫对大自然的崇敬和向往。

在唐代时，竹刻技艺及作品与当时的金银镂錾、石刻线雕同样珍贵高雅，并已出现"留青"的刻法。

及至中唐以后，尽管竹子作为一种自然的灵物，其天姿秀色仍被普遍欣赏，但它某些特点如虚心、有节、根固、顶风傲雪、四时不改绿叶等开始被更多人注意，并逐渐演化成为文人士大夫们思想意识中有德行的君子贤人的化身。

画竹起于何时，说法不一，有人说从三国时期的关羽就开始画竹，也有人说唐代的著名诗人与画家王维是画竹的始祖，难以定论。不过，在中晚唐时期，竹已成为专门的绘画题材，并涌现了一批画竹

名家，与白居易同时代的萧悦就是其中之一。萧悦曾将自己所作的十五竿竹的画作送给白居易，白居易回了一首《画竹歌》谢他。

在宋代的时候，竹刻名家辈出，有个名叫詹成的竹刻名家。我国古代工艺美术鉴赏著作《清秘藏》记载说，宋高宗时的竹刻大师詹成，能在竹片上刻成宫室、人物、花鸟等，纤毫俱备，精妙绝伦。

总之，从五代以后，画竹渐成风气，历代画竹名家人才辈出，如五代的黄筌、徐熙、李颇，后来宋代的文同，元代的赵孟頫、倪瓒、李衎，明代的宋克、王绂、夏昶，清代的郑板桥等，都对画竹技法和理论的发展和完善做出了重要贡献。

北宋时候有一个著名画家叫文同，他是画竹高手。为了画好竹子，不管春夏秋冬，也不管刮风下雨，或是天晴天阴，他都常年不断地在竹林子里头钻来钻去。

由于文同长年累月地对竹子进行细微观察和研究，包括竹子在春夏秋冬四季形状有什么变化；在阴晴雨雪天，竹子的颜色、姿势又有什么两样；在强烈阳光照耀下和在明净月光映照下，竹子又有什么不同；不同竹子，又有哪些不同样子，他都摸得一清二楚。所以画起竹子来，根本用不着画草图。

有个名叫晁补之的人，称赞文同说：文同画竹，早已胸有成竹了。后来，"胸有成竹"就成了一句成语。

知识点滴

江南竹刻艺术达到全盛

春秋战国时期，随着竹简文化的产生和发展，以镌刻图纹来装饰竹器的竹刻工艺便应运而生。

从春秋到汉代，从汉代到唐、宋两朝，我国的竹刻工艺从实用器皿装饰，逐步向文房用品发展，雕刻技法也日趋多样化，阴刻、浮雕、留青、透雕，技艺越来越成熟，为明代中叶江南竹刻艺术的崛起打下了厚实的文化和技艺基础。

明代嘉靖年间，在嘉定、金陵出现了竹刻艺术的流派，使竹刻上升为一门艺术。嘉定派是由朱鹤、朱缨和朱稚征祖孙三代名家，世称"嘉定三朱"开创的，金陵派是由

南京的李耀和濮仲谦所创。

朱鹤是一位兼备诗文、书画、雕刻于一身的艺术家。这些艺术修养和技能，使他成为江南竹刻开宗立派的奠基人。在竹刻方面最主要的成就是创立了"以画法刻竹"的设计理念。

作为江南竹刻的创发者，"以画法刻竹"是朱鹤最大艺术特色，他的传世品极少，唯一能见到的是南京博物院珍藏的《高浮雕松鹤笔筒》。这件作品将笔筒的整个筒体雕刻成古松的主干，虬枝附丽而生，松针规整而古拙。枝上立双鹤，互为俯仰顾盼之姿。刀法用高浮雕，色泽已呈暗紫。

朱缨，字小松、清甫，朱鹤之子。他的文学艺术修养高于他的父亲，故而他的竹刻艺术成就也更胜一筹。在他的作品中，最有名的是《刘阮入天台香筒》。作品所表现的是民间故事《刘阮入天台山》。这则意境神奇优美的传说，被作者用浮雕、透雕、阴刻等竹刻技法，巧妙地雕刻在高16.5里面，直径为3.6厘米的竹筒上。

香筒通体纹饰：古松盘曲，山石嶙峋，松下有美女与老翁席地对弈，另一老者支颐旁观。山石间洞府半开，一仕女手拿扇子，面带微笑，与双鹿嬉玩。作品布局严谨，雕技高超。

朱稚征，字三松，是朱缨第三子。他比较全面地继承了父亲的雕刻技艺和恬静自信的艺人风范。他的《窥简图笔筒》和竹根雕《荷叶水盛》，都是传世名作。《窥简图笔筒》虽画稿取陈老莲《西厢记》插画，但将绘本改为浮雕竹刻，在技法表现上也有许多创造。

《荷叶水盛》，是用竹根雕成的案头陈饰品。虽然称之为"水盛"，其实难以盛水，纯粹供玩赏之用。作品整体用圆雕法，以深秋的荷叶为主体。荷叶边缘枯卷，叶面上有蚀孔，透漏洞穿。叶子背面的筋脉用浮雕法，微微隐起；而叶子正面的筋脉则用阴文浅刻。残叶的凹陷处用圆雕法刻一小蟹，张螯横行，依稀有悉索之声。器底叶梗尽处，斜出一株半开残荷，花瓣略呈散败，莲蓬裸露，莲子饱满，全用圆雕法。这是一件最早的竹根圆雕花鸟作品，但无论经营之巧妙，还是雕镂之精美，都是后世极少见的。

自朱稚征这一辈开始，竹刻在嘉定传播开来。与朱氏祖孙同时代的著名竹刻艺人是南京的李耀和濮仲谦。

在清代中期，我国湖南邵阳、四川江安和浙江黄岩等地形成了翻簧竹雕，并成为了竹雕刻艺术的主流。翻簧竹雕是竹刻的一种，也叫"贴簧""竹簧""反簧"或"文竹"。雕刻时，要将毛竹锯成竹筒，去节去青，留下一层竹簧，经煮、晒、压平，胶合成镶嵌在木胎、竹片上，然后磨光，再在上面雕刻纹样，内容有人物、山水、花鸟、书法等。

翻簧的雕刻，多在很薄的竹簧表面，因此以阴纹浅刻为主，也有施以薄雕的。翻簧的艺术品色泽光润，类似象牙，以茶叶罐、花瓶、首饰盒、笔筒和果盘为主。

竹刻是我国特有的专门艺术之一，由于不易保存的缘故，在考古发掘中发现甚少。有个清代竹刻笔筒，用一截天生椭圆扁竹刻就，很得自然造化之妙。

笔筒的正面是"渔翁夜泊"图，图中的渔夫与隐士神态逼真，水面微波粼粼，芦苇折腰；背景则是嵯峨大山，树木参天，依岩而立，花叶枝蔓，栩栩如生。

另一件竹刻珍品"牧牛图竹雕笔筒"也极为有名气，作者大约是清代时嘉定人。

这个牧牛图竹雕笔筒由一段两节的偏欹竹根雕作，方14厘米，其径弧曲不一，上下不等。这个笔筒的妙处就在于作者因势随形，运笔施刀，将竹面雕刻

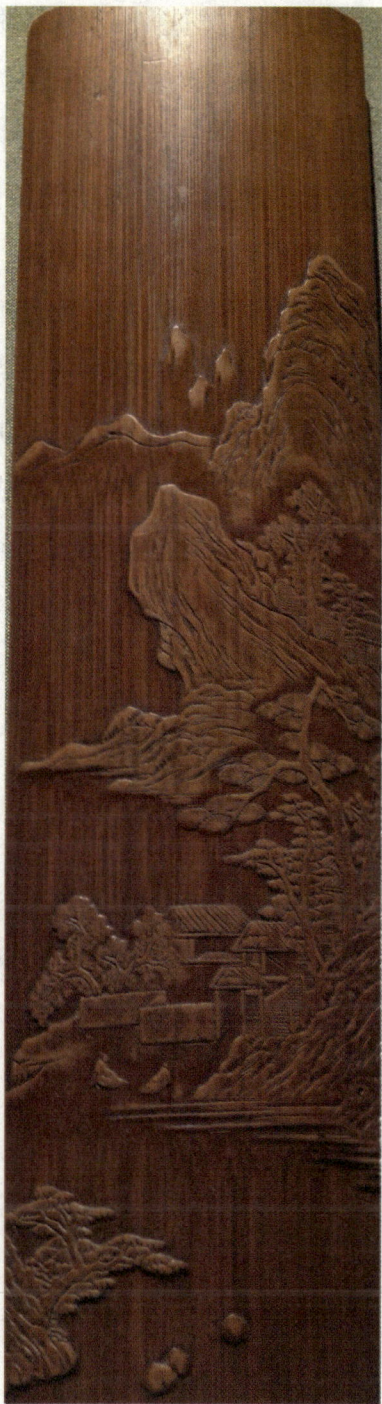

成了山拗"牧牛"的图景。由于竹节天生窄狭起伏，他就将竹节雕成了山壁如削，却又参差凹凸的山径。

山径上共有两头牛，其中大牛首出弯角，体魄强壮，小牛逍遥自在，似乎在窥视草间跳跃的昆虫，形象极为逼真。作者运用竹肌之筋，也很巧妙。刻雕的山体，显出竹筋的功能，犹如国画画山技法的斧劈皴，平添山势峻峭、地面苔点密铺，倍增旷野生趣。

在题材上，竹刻相当于诗词歌赋，无论山水人物、花鸟鱼虫，大多寄托了文人的情怀。文人讲究意境，所以竹雕的很多意境都跟国画非常相似。由于竹雕艺术的成功，深刻地影响到象牙、紫檀、黄杨这些贵重材料的雕刻，因此后世的其他艺术品都有仿竹器的倾向。

知识点滴

历代的士人君子之所以醉心竹林，流连忘返，并非仅仅为了逃避现实社会，而是为了寻找一种精神寄托。绿竹静谧幽雅的环境，正是理想的去处。唐代诗人王维历经饱尝尘嚣烦恼之苦后，抛弃功名利禄之念，隐居蓝田乡下建竹里馆，潜心修行，彻悟佛法，静习禅定，使心境归于淡泊自然。

比王维稍晚的大诗人白居易，也是在"有竹千竿"的家园中，读佛书习禅定。他在《养竹记》中将竹比作"贤人君子"，高度赞美竹子的"本固""性直""心空""节贞"等品格和情操。

目有文章
當本氣骨
將富貴傲
時人
王祥張筆

菊

　　菊花是我国人民喜爱的传统名花，历代人们爱菊赏菊，留下了丰富的赞菊诗、词、歌、赋，不仅赞其实用和姿态优美，更喜爱其不畏寒霜的特性。

　　古人爱菊、画菊、咏菊，借菊抒发自己的思想感情，借物抒情，借物言志，使菊花具有了人们情志的色彩。赋予菊花以崇高的象征意义，使菊花成为中华民族文化不可分割的一部分。

能驱除瘟魔的神奇菊花

那是很早以前，大运河边住着一个叫阿牛的人，家里很穷。阿牛7岁就没了父亲，靠母亲纺织度日。因为子幼夫丧，生活艰辛，阿牛的母亲经常哭泣，就把眼睛都哭坏了。

在阿牛13岁的时候，他对母亲说："妈妈，你眼睛不好，今后不要再日夜纺纱织布了，我已经长大，我能养活你！"

于是他就去张财主家做小长工，母子俩苦度光阴。可惜两年后，母亲的眼病越来越严重，不久双目失明了。阿牛想，母亲的眼睛是为我而盲，无论如何也要医好母亲的眼睛。于是，他一边给财主做工，一边起早摸黑开荒种菜，靠卖菜换些钱给母亲求医买药，但母亲的眼病仍不见好转。

有一天夜里，阿牛做了一个梦，梦见一个漂亮的姑娘来帮他种菜，并告诉他说："沿运河往西数十里，有个天荒荡，荡中有一棵白色的菊花，能治眼病。这花要九月初九重阳节才开放，到时候你用这花煎汤给你母亲吃，定能治好她的眼病。"

重阳节那天，阿牛带了干粮，去天荒荡寻找白菊花。原来这是一个长满野草的荒荡，人称"天荒荡"。他在那里找了很久，只有黄菊花，就是不见白菊花。

一直找到下午，阿牛才在草荡中一个小土墩旁的草丛中找到一棵白色的野菊花。这棵白菊花长得很特别，一梗九分枝，眼前只开一朵花，其余八朵含苞待放。阿牛将这棵白菊花连根带土挖了回来，移种在自家屋旁。

经过阿牛浇水护理，所有的花朵都陆续绽开了。于是，他每天采下一朵白菊煎汤给母亲服用。当吃完了第七朵菊花之后，阿牛母亲的眼睛便开始复明了。

白菊花能治眼病的消息很快传了出去，村上人和有名的中医们纷纷前来观看这棵不寻常的野菊花。这一消息也传到了张财主那里。张财主十分贪心，就让阿牛将那棵白菊移栽到张家的花园里。

阿牛拒绝后，张财主便派了几个手下人赶到阿牛家强抢那棵白菊花。在双方争夺下，白菊花被折断了。看见神奇的白菊花已经被毁，张财主的人十分失望地离开了。

阿牛见这棵为母亲治好眼疾的白菊被折断了，十分伤心，坐在被折断的白菊旁哭到天黑，直至深夜仍不肯离开。半夜之后，他朦胧的泪眼前猛然一亮，上次梦见的那位漂亮姑娘突然又出现在他的身边。

姑娘劝他说："阿牛，你的孝心已经有了好报，不要伤心，回去睡吧！"

阿牛说："这棵菊花救过我的亲人，它被折死，叫我怎么活？"

姑娘说："这菊花梗子虽然断了，但根还在，它没有死，你只要将根挖出来，移植到另一个地方，就会长出白菊花。"

阿牛感觉到这个女孩不是一般人，问道："姑娘，你是何人，请告知，我要好好谢你！"

姑娘说："我是天上的菊花仙子，特来帮助你，不需要报答，你只要按照一首《种菊谣》去做，白菊花定会种活。"

紧接着，菊花仙子念道：

> 三分四平头，五月水淋头，六月甩料头，七八捂墩头，九月滚绣球。

念完，菊花仙子就不见了。后来，阿牛按照菊花仙子的口诀小心地种植并照顾着菊花，那些菊花果然都拔蕊怒放了。

菊花有的秀丽淡雅，有的鲜艳夺目，有的昂首挺胸，红的似火，白的似雪，粉的似霞，大的像团团彩球，小的像盏盏精巧花灯。这一团团、一簇簇的菊花，装点了阿牛的村庄。

后来，阿牛的家乡瘟魔为害，疫病流行，呻吟痛苦之声遍布。阿牛担心父老乡亲的安危，就告别母

亲，历经艰险进到山中，寻找方士费长房学习消灾救人的法术。

费长房告诉阿牛说："九月初九瘟魔又要害人，你快回去搭救父老亲人！记住，那天要让人们登高，再把茱萸装入红布袋里，扎在胳膊上，还要喝菊花酒。做到这些事，就能挫败瘟魔，消除灾殃。"

阿牛回乡后，遍告乡亲，只有张财主一家不以为然。九月初九那天，汝河汹涌澎湃，云雾弥漫，瘟魔来到山前，因菊花酒气刺鼻、茱萸异香刺心，难于靠近，只缠住了没有饮用菊花酒的张财主一家。

傍晚，登高过后的村民们返回家园，张财主的家人和家中的鸡犬牛羊都染上了瘟疫，好在其他人都免受灾祸。从此，重阳登高避灾，以及饮用菊花酒的风俗，就世代相传了。

由于菊花具有驱赶瘟魔的神奇功效，人们都争相种植，从此，菊花就开满了人间大地，给人们带来幸福和吉祥。

菊花一般棵高20厘米至200厘米，茎色嫩绿或为褐色，除悬崖菊外

多为直立分枝，头状花序顶生或腋生，一朵或数朵簇生。舌状花为雌花，筒状花为两性花。

菊花舌状花色彩丰富，有红、黄、白、墨、紫、绿、橙、粉、棕、雪青、淡绿等。花序大小和形状各有不同，有单瓣和重瓣，有扁形和球形，有长絮和短絮，有平絮和卷絮，有空心和实心，有挺直的和下垂的，式样繁多，品种复杂。

菊花适应性很强，喜凉，较耐寒，只要是疏松肥沃而排水良好的沙壤土均能生长。菊花为短日照花卉，对有毒气体有一定抵抗性。

知识点滴

早在两千多年前的东汉，学者应劭在记录了大量神话异闻的《风俗通义》里说，河南南阳郦县有个叫甘谷的村庄。谷中水甜美，山上长着许多很大的菊花。

一股山泉从山上菊花丛中流过，花瓣散落水中，使水含有菊花的清香。村上30多户人家都饮用这山泉水，一般都能活到130岁左右，最少的也有七八十岁。汉武帝时，皇宫中每到重阳节都要饮菊花酒，"云令人长寿"。

菊花和传统文化的结缘

在我国传统文化中，菊花被看作具有丰富寓意的花。在我国最早的一部解释词义的专著《尔雅》中记有"菊，治蔷"。在光辉灿烂的中华文明史上，菊花与人们的生产、生活和文化结下了不解之缘。

远在西周时期，我国古代重要的典章制度书籍《礼记》一书中就有详细记载：

鸿雁来……菊有黄华。

就以菊花的生态现象，反映气候变化的规律。其后，《礼记》记载"季秋之月，菊有黄华"是以菊花在最后一个月齐放来指示月令。

战国时期楚国著名诗人屈原的《离骚》中就有：

朝饮木兰之坠露兮，夕餐秋菊之落英。

其中歌颂了菊花的秉性高洁和不同凡响，这是菊花和民族文化的结缘之始。

菊花耐寒，大多数花朵枯败后不落枝飘零，成为忠贞节操的象征。所以，菊花也叫"贞花"。屈原在遭谗言被放逐后，作《楚辞》以寄托理想，他写道：

春兰兮秋菊，长无绝兮终古。

屈原借菊花表明了自己洁身自好、不随流俗、不趋炎势、永不与恶势力同流合污的节操。后来这种崇高的思想，在国家和民族危亡之时，演变为可贵的民族气节与民族精神。很多诗人通过赞美菊花宁肯怀着芳香枯死枝头，决不让风吹落的忠贞形象，抒发自己决不屈膝的民族气节。

到了秦汉时代，人们已开始用菊花做饮食用。据古书记载，秦代咸阳曾有过较大规模的菊花交易市场。汉代《神农本草经》则强调了"菊服之轻身耐老"的药用功能。我国古代笔记小说集《西京杂记》中记载道：

菊花舒时，并采茎叶，杂黍米酿之，至来年九月九日始熟，就饮焉，故谓之菊花酒。

在当时，人们将这种菊花酒称为"长寿酒"，饮用长寿酒后来便成了一种习俗。

到了晋代，菊花渐渐地从饮食药用向田园栽培过渡，具有了半饮食而半观

赏的功用了。陶渊明的著名诗句"采菊东篱下，悠然见南山"，证明菊花在晋代已经进行栽培了。

菊花对于陶渊明，是一种人格的化身。诗人将菊花素雅、淡泊的形象与自己不同流俗的志趣十分自然地联系在一起，以致后人将菊花视为君子之节、逸士之操的象征。

自从陶渊明对菊花给予特别关爱后，历代文人便对菊花的高风亮节、高尚情操给予了更多的关注和赞誉。

在南北朝时期，每年的夏至，人们常把菊花和小麦研成灰，用来防治蠹虫。南朝梁简文帝在《采菊篇》中有这么两句诗：

相互提筐采菊珠，朝起露湿沾罗襦。

　　这两句诗道出了当时菊花已经从更多方面为人们生活所用了。

　　在唐代，种植菊花的人越来越多，田园、庭院已到处可见，咏菊诗文大量出现。我国的第一部菊谱是公元1104年宋代刘蒙泉所著的《刘氏菊谱》。

　　《刘氏菊谱》依据菊花的颜色分类，以黄为正，其次为白，再次为紫，而后为红，对后人影响很深。全书共记载菊花35个品种，另附闻而未见的4个品种，以及2个野生种。除形色之外，兼载产地。

　　继《刘氏菊谱》之后，又出现了不少菊谱、菊志、菊名篇等艺菊专著。其中，公元1242年时史铸所著的《百菊集谱》汇辑了各家专谱，及他自撰的新谱和许多书上所载的有关菊花故事。从书中的"墨菊其色如墨"这句描述，可以看出当时的古人已经培育出了绿菊和墨菊。

　　菊花有一种不从流俗、不媚世好、卓然独立的高尚品格，唐代的黄巢就赋予菊花一种叛逆抗争的精神，他在诗作《不第后赋菊》里写道：

待到秋来九月八，我花开后百花杀。

冲天香阵透长安，满城尽带黄金甲。

他将菊花喻为黄金甲，具有叱咤风云、气吞山河的英雄气概，句句赋菊，又句句言志，菊花的特征与作者的壮志水乳交融。

菊花千姿百态，风情万种，她在寒秋带给人春的享受。落叶飘零，风霜肃杀，菊携一身淡雅花香悄然绽放。因此，唐太宗李世民在他的《赋得残菊》诗中发出了别样感慨：

阶兰凝曙霜，岸菊照晨光。

露浓晞晚笑，风劲浅残香。

细叶凋轻翠，圆花飞碎黄。

还持今岁色，复结后年芳。

最后一句感慨，既赞扬了残菊风姿不减的生命力，又对来年复荣充满了信心，让菊花这淡然隐逸的君子风度又绽放出了别样的风采。

知识点滴

三国时代，曹操的儿子，魏文帝曹丕，曾经给他的好朋友著名书法家钟繇写了一封谈菊花的信，信上写道，派人送给他一束菊花，因为在秋天万木凋谢的时节，只有菊花绚丽多姿，茂盛地生长，可见它有些天地的真气，是人可以延年益寿的好东西，因此送来供钟繇研究长生的道理。钟繇收到后倍加珍惜，悉心研究菊花的药理和寓意。

文人墨客赋予菊花深意

到了宋代，菊花寓含的深意更是被文人墨客所感悟，大家种菊、颂菊、画菊，同时又赋予菊花更多的人文精神，使得菊花的寓意更加丰富而深刻了。

宋代著名女词人李清照自幼就非常喜爱花朵，也许是受到家庭的影响，她常常手捧一本书，闻着花香，安静地在自家花园消磨一整个下午。

不像其他家的贵族小姐，李清照从来不对脂粉和花哨的衣衫襦裙感兴趣。她的目光总是集中在盛开的花朵、和暖的阳光与散发着淡淡墨香的书卷上。不仅如此，就连她随手写出的诗作，也时

常透出与年龄不相称的成熟感。

李清照的父亲李格非从来都没有看轻过自己的女儿，他曾师从于苏轼，自然明白诗词歌赋对一个人性情的影响会是多么重要。别说女儿整天手不释卷，就连他自己作为一个进士出身，官至提点刑狱、礼部员外郎的官员，也是整天痴迷于收集藏书，乐此不疲。

要是按一般的人家，当母亲的恐怕要为丈夫的书卷气和女儿的太过安静而担忧了，但李清照的母亲是状元王拱宸的孙女，极有文学修养的她同样爱书如命。这样，一个学术气氛浓郁的家庭，造就了心明眼亮的才女李清照。

李清照并非是不知玩乐的人，她和其他同龄人一样，年幼的李清照虽有种大家闺秀的风范，但天性顽皮的她也会时不时出去玩乐，做几件无伤大雅的小趣事。比如她偷偷地与闺中密友小酌一番，头晕晕

地带着酒意睡去。这个懵懂少女所具有的小情趣直至她婚后也没有改变过。

有一天，李清照又带着淡淡的醉意从酣睡中醒来，微微的头痛感驱使她走到窗前，她想要呼吸一些新鲜空气。侍女悄然从屋外进来，轻手轻脚地开始收拾床铺，在这个静谧的早晨，一切都显得那么美好。

披上一件外衣，李清照踱步走到庭院之中。虽然酒桌已经被收拾停当，但零落满地的菊花花瓣使她仍然能忆起昨夜的情形。也许自己早已不再是那个挂念海棠的无忧少女了，但醉后看花的乐趣仍然不减当年，饮酒赏菊，更是如此。

捡起一片菊花的花瓣，李清照将它放在手心里轻轻抚摸。金黄灿烂的花瓣像是经过熨烫卷曲起来的黄金薄片，又像一匹触感略微粗糙的金色丝绸。

往年的时候，李清照都是和丈夫赵明诚两个人一起赏菊的。此时，她轻轻叹了口气，将手心里揉捏的花瓣飘落到地上。然后，她看着洒落一地花瓣的残菊，瞬间动了恻隐之心，想将花瓣细细地拾起来，让它不再这么的孤单，补偿自己刚才丢弃花瓣时的粗鲁之举。

瞬间，李清照又改变了主意。她觉得，就算拾起这一整朵的零落花瓣，这卷曲的可爱的小小黄金片也是长不回花心上的啊！毕竟是秋天嘛！萧瑟和凋落是免不了的，就像夫妻间不可避免的分离一样。

李清照在晨色中驻足许久，然后突然从思绪中惊醒过来，于是，她写了一首词：

薄雾浓云愁永昼，瑞脑消金兽。

佳节又重阳，玉枕纱厨，半夜凉初透。

东篱把酒黄昏后，有暗香盈袖。

莫道不消魂，帘卷西风，人比黄花瘦。

　　几句吟咏之间，李清照委婉又细致地将自己对丈夫的思念和独自过节的忧愁表达得淋漓尽致了。可叹李清照自幼家境优越，身为官吏女儿，她无忧无虑地在繁华的京都长大，却偏偏在长大后常常落得独自一人的境地。也许是因为能豪气地表达政见的温婉女子实在是不多，也可能是她已经有了太多过人的才华，老天总是赐给李清照无尽的愁绪。况且在她的愁绪里，总是离不开菊花。

　　1127年，宋徽宗、宋钦宗二帝被俘，北宋灭亡了。同年9月，李清照心爱的15车藏书，和赵明诚家中的10多屋书册，都在战乱之中被人烧尽。这对从小嗜书如命的李清照来说，不亚于如被人夺走了故国那样心痛。

　　失去了藏书的李清照恍惚地明白，那些童年无忧无虑的时光，那些

和父亲吟咏诗词的瞬间，和手捧书卷，静嗅花香的悠然都会一去不复返了。但这还远远不是她承受到的最大打击。

1129年8月，赵明诚因病去世，当时的李清照才46岁，没有任何子女。无依无靠，孤家寡人的她，也许还算不上最凄惨，因为当时金兵攻占浙东、浙西，很多人家破人亡，亲人流离失散，至少李清照没有别的亲人可以失去了。

在战乱之中，饱尝颠沛流离之苦的李清照为了避难而四处奔走。1132年，李清照再嫁张汝舟，但这个家庭随后也破裂了。亡国之恨，丧夫之哀，孀居之苦，凝集心头，无法排遣，李清照和着血泪写下了千古绝唱的《声声慢》：

寻寻觅觅，冷冷清清，凄凄惨惨戚戚。乍暖还寒时候，最难将息。

三杯两盏淡酒，怎敌他，晚来风急！雁过也，正伤心，却是旧时相识。

满地黄花堆积，憔悴损，如今有谁堪摘？守着窗儿，独自怎生得黑！

梧桐更兼细雨，到黄昏、点点滴滴。这次第，怎一个愁字了得！

李清照像个盲女，又像个不识趣的孩童，还像个失去双手双脚的残疾人，从而跌跌撞撞地到处寻找，寻到的却只有冷冷清清，凄凄惨惨。又是个乍暖还寒的季节。往事如风云涌进心间，那些熟悉的记忆如今想来却分外的陌生。物是人非，这样的折磨实在的令她难以忍受。李清照想如昔日时光一般用两杯淡酒冲淡愁绪，但她心中明白，如今她的思虑和忧伤，又岂是淡酒就能冲淡压住的呢？

满地菊花的花瓣堆积着，十分憔悴，有谁忍心去摘呢？李清照守着窗，独自一人。时光如此漫长，痛苦就如秋风一般浓浓地涌入心间。这样的生活，她都不知怎样能熬到天黑！

细雨敲打着梧桐，又是黄昏，一点一滴落着。之前的千万个黄昏，李清照的国家仍在，双亲仍健在，她的丈夫也在一起相守，可是转眼就分开了，她怎么写信告诉相思的人呢？

可是如今，秋风仍然凄凉，但旧日如秋菊，散落的花瓣是绝不可能长回去了。这样的场景，这样的苦闷，又怎是一句"愁"就能说得清呢？

在文人墨客的推波助澜下，菊花更是得到人们的喜爱。到了明代，菊花的栽培技艺进一步得到提高，品种也进一步得到发展，同时有很多学术价值高的专著问世。明代著名医学家、药物学家李时珍在《本草纲目》中指出：

菊之品几百种，宿根自生茎叶，花色品品不同。

李时珍认为菊花能疏风、清热、明目、解毒、治疗高血压，在论述菊花的药性时，他说：

菊备受气，他经霜露，叶枯不落，花槁不零，味兼甘苦，性秉中和。

到了清代，菊花以北京为中心，从宫廷府第风靡到城乡民间，养菊、赏菊蔚然成风。由于宫廷提倡，各地纷纷向宫廷奉献名菊。因此，清代流传下来的艺菊专著，少说也有20部。

知识点滴

在宋代，王安石任宰相时，苏东坡得罪了王安石，由翰林学士贬为湖州刺史。苏东坡三年任满，回京朝见，前去拜见王安石，恰巧王安石外出未归。苏东坡坐在王安石书房，见砚石下压一首诗，其中有两句："西风昨夜过园林，吹落黄花满地金。"东坡见诗大笑说：黄花是指菊花，开于深秋，其性坚强，敢与秋霜相抗，最能耐久，即使老而枯干，终究不会落瓣。王安石简直是乱说。一时诗兴大发，苏东坡续写两句："秋花不比春花落，说与诗人仔细吟。"

晚上王安石回来看见续诗，就把苏东坡贬为黄州团练副使。秋天到了，黄菊盛开，苏东坡去花园赏菊，见黄花纷纷落地，真似铺金一样，他顿时大惊失色，这才知道王安石是特意把他贬到黄州让他看"吹落黄花满地金"的。